JN280055

入門光ファイバ通信工学

工学博士 村上 泰司 著

コロナ社

まえがき

　1981年に光ファイバ通信システムが日本で初めて実用回線に導入されてから四半世紀が経過した。これまで，研究，開発，製造，検査，計画，設計，建設，試験，保守，および運用と，光ファイバ通信が実際に利用されるまでにはさまざまな場面で多くの人々がかかわり，その技術の向上に努めた。導入当初の伝送速度は 32 Mbps であったが，現在はその 10^5 倍に相当する速度をもつシステムが導入されようとしている。これはひとえに研究開発に従事する人々のみならず，実運用に携わる多くの技術者の懸命な努力の結果である。

　こうした光ファイバ通信技術の発展に応えるため，光ファイバと光ファイバ通信を扱う数多くの教科書，技術書類が出版されてきた。最先端の研究を行う技術者向けの高度な内容のものから，知的好奇心を満たすための技術話と位置付けられる軽いものまでさまざまに存在する。技術の進歩を支える背景には，多様な技術者によるさまざまな疑問と知識欲に応える出版物の力は必須である。

　しかしながら，大学学部で「光ファイバ通信」の講義を行おうとすると，学部学生用の適当な教科書の不足に気が付く。出版物の多くは，研究開発に従事する技術者向けの高度な内容のものか，お話として技術を紹介するものに2分割され，例えば大学3年生の授業用教科書としては不満が多い。3年生ではようやくマクスウェルの電磁方程式を学習したばかりであり，それを駆使して現象を理解できるほど熟達していない。また，大学の講義を，図解でデフォルメした現象の説明に終始するわけにはいかない。

　本書は，学部学生を対象とした「光ファイバ通信工学」に関する授業の教科書として書かれた入門書であり，著者の工夫は以下の点である。

　（1）　高校物理と大学初年度における基礎物理の知識のみで正確な理解を得

られるようにした。このため，説明の前に必要な高校物理のおさらいをした，

（2） 式の導出は高校数学の知識で行えるようにした。具体的には，正弦関数・余弦関数，2次の微分方程式，確率論などの範囲である，および

（3） 定量的な把握により理解が深められるように，計算例を多く紹介し，章末問題で理解の確認ができるようにした。

また，内容の特徴はつぎのとおりである。

（i） 光導波現象の直感的な理解を促すため，スネルの法則のみを用いた幾何光学によりほとんどの内容を説明した，

（ii） 理解をやさしくするため，光ファイバにおける現象に対して平面光導波路で説明できる現象は平面光導波路で説明した，

（iii） 技術の最先端において話題となっている内容はできるかぎり取り上げた。「光ファイバ通信」の現場業務に初めて携わる人々にとって，スムーズに業務に入るためのガイドとなるはずである，

（iv） 後半において，研究の最前線における技術の方向性を示し，学生がより高度な学習をする動機と意欲をもてるようにした，

などである。

本書は，あくまで入門書であり，さらに高度な学習意欲をもつ学生に対しては巻末の参考文献を学習することを薦める。また，できるだけやさしくしようとしたため多くの現象をデフォルメして説明している。諸先輩において正確さを欠くと思われた場合にはご叱咤とご教授を願いたい。

本書の内容は多くの研究者，技術者の方々，特に日本電信電話株式会社（NTT）における多くの成果を参考にさせていただいた。また，同僚の樋口英世 教授には半導体レーザについてご教示いただいた。ここに心より深謝する。

2003年11月　　　　　　　　　　　　　　　　　　　　村　上　泰　司

※5刷の重版にあたり変化の著しい内容の図1.9および10章の記述，表10.1，図10.1を更新した。

目 次

1. 光ファイバ通信とは

1.1 光ファイバ通信システムの構成 ……………………………………… 1
   1.1.1 光ファイバ通信とは ……………………………………………… 1
   1.1.2 基 本 構 成 ………………………………………………………… 2
   1.1.3 多 重 化 …………………………………………………………… 3
   1.1.4 長 距 離 伝 送 ……………………………………………………… 5
1.2 開 発 の 歴 史 ……………………………………………………………… 6
1.3 dB と は ………………………………………………………………… 9
   1.3.1 dB の 定 義 ………………………………………………………… 9
   1.3.2 dB 計算による通信システムの設計 …………………………… 11
章 末 問 題 …………………………………………………………………… 15

2. 光 線 の 伝 搬

2.1 光 の 性 質 ……………………………………………………………… 16
   2.1.1 光 の 直 進 ………………………………………………………… 16
   2.1.2 光 の 反 射 ………………………………………………………… 18
   2.1.3 光 の 屈 折 ………………………………………………………… 20
2.2 光導波路内での光線の伝搬 …………………………………………… 22
   2.2.1 光導波路の種類 …………………………………………………… 22
   2.2.2 導波路への光の入射 ……………………………………………… 23
   2.2.3 伝 搬 モ ー ド ……………………………………………………… 26
2.3 いくつかの特徴 ………………………………………………………… 30
   2.3.1 伝搬可能なモード数とカットオフ波長 ………………………… 30
   2.3.2 パルスの広がり …………………………………………………… 33
   2.3.3 グレーデッド形屈折率分布 ……………………………………… 36
   2.3.4 曲がりによる光損失 ……………………………………………… 42
章 末 問 題 …………………………………………………………………… 45

3. 光波の伝搬

3.1 光波の性質 ……………………………………………………… 47
　3.1.1 マクスウェルの電磁方程式 …………………………… 47
　3.1.2 誘電体媒質中での光の伝搬 …………………………… 49
3.2 導波路内での光波の伝搬 ……………………………………… 54
　3.2.1 電磁界分布と固有値方程式 …………………………… 54
　3.2.2 固有値方程式の解とモードの性質 …………………… 61
3.3 いくつかの特徴 ………………………………………………… 64
　3.3.1 幾何光学と波動光学 …………………………………… 64
　3.3.2 群速度と波長分散 ……………………………………… 67
　3.3.3 一様曲がり損失 ………………………………………… 75
章末問題 ……………………………………………………………… 77

4. 光ファイバ

4.1 光ファイバの分類 ……………………………………………… 79
　4.1.1 誘電体の材料による分類 ……………………………… 79
　4.1.2 伝搬モードによる分類 ………………………………… 81
　4.1.3 単一モード光ファイバの分類 ………………………… 84
　4.1.4 特殊光ファイバ ………………………………………… 89
4.2 伝搬モード ……………………………………………………… 91
　4.2.1 平面光導波路との違い ………………………………… 91
　4.2.2 LPモード ……………………………………………… 93
4.3 特性パラメータ ………………………………………………… 97
　4.3.1 実効カットオフ波長 …………………………………… 98
　4.3.2 モードフィールド直径 ………………………………… 100
　4.3.3 実効コア断面積 ………………………………………… 102
章末問題 ……………………………………………………………… 104

5. 光ファイバケーブル技術

5.1 光ファイバケーブル …………………………………………… 105
　5.1.1 光ファイバ製造技術 …………………………………… 105
　5.1.2 光ファイバ心線 ………………………………………… 109

5.1.3　光ファイバケーブル ……………………………………………… 111
5.2　測　定　と　接　続 ………………………………………………………… 114
　　5.2.1　光ファイバの損失原因 ……………………………………………… 114
　　5.2.2　光ファイバの測定 …………………………………………………… 117
　　5.2.3　光ファイバの接続 …………………………………………………… 122
章　末　問　題 ………………………………………………………………………… 128

6. 光ファイバ増幅器

6.1　光の吸収と放出 ……………………………………………………………… 130
　　6.1.1　原子の構造とエネルギー準位 ……………………………………… 130
　　6.1.2　レ ー ト 方 程 式 …………………………………………………… 134
　　6.1.3　反転分布と光の増幅 ………………………………………………… 137
6.2　光　　増　　幅　　器 ……………………………………………………… 139
　　6.2.1　概　　　　　説 ……………………………………………………… 140
　　6.2.2　エルビウム添加光ファイバ増幅器 ………………………………… 144
　　6.2.3　光ファイバラマン増幅器 …………………………………………… 148
章　末　問　題 ………………………………………………………………………… 151

7. 半導体レーザ

7.1　レーザの原理 ………………………………………………………………… 152
　　7.1.1　共　振　器　構　造 ………………………………………………… 152
　　7.1.2　発　振　モ　ー　ド ………………………………………………… 154
　　7.1.3　半導体レーザにおける反転分布 …………………………………… 156
　　7.1.4　光　出　力　特　性 ………………………………………………… 160
7.2　半導体レーザの構造 ………………………………………………………… 160
　　7.2.1　基 本 構 造 と 材 料 ……………………………………………… 160
　　7.2.2　垂　直　方　向　の　構　造 ………………………………………… 163
　　7.2.3　水　平　方　向　の　構　造 ………………………………………… 165
　　7.2.4　縦　方　向　の　構　造 ……………………………………………… 166
章　末　問　題 ………………………………………………………………………… 170

8. 受　　光　　器

8.1　各　種　受　光　器 ………………………………………………………… 171

vi 目次

 8.1.1 半導体材料 ··· 171
 8.1.2 pin フォトダイオード ··· 173
 8.1.3 アバランシフォトダイオード ····································· 175
8.2 信号対雑音比 ··· 177
 8.2.1 受光器回路 ··· 177
 8.2.2 ショット雑音 ·· 178
 8.2.3 熱 雑 音 ·· 183
 8.2.4 SN 比 ··· 183
章末問題 ··· 185

9. フォトニックネットワーク

9.1 フォトニックネットワークの進展 ································ 186
 9.1.1 2点間伝送から波長多重リングネットワークへ ············ 186
 9.1.2 光交換メッシュネットワーク ····································· 189
9.2 必要となる光デバイス ··· 191
 9.2.1 波長多重用光増幅器 ·· 192
 9.2.2 光合分波器 ··· 193
 9.2.3 光波長変換器 ·· 196
 9.2.4 光クロスコネクト装置と光スイッチ ··························· 197
 9.2.5 光 Add/Drop 多重装置 ··· 199
章末問題 ··· 202

10. インターネットを支える光ファイバ通信

10.1 インターネットの発展 ··· 203
10.2 光アクセス回線 ·· 204
10.3 ルータ間光ファイバ接続 ·· 207
章末問題 ··· 210

参 考 文 献 ·· 211
章末問題解答 ··· 212
索　　　引 ·· 217

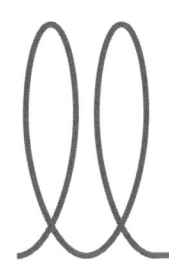

1. 光ファイバ通信とは

　近代以前における「光通信」の例として，中国古代や日本の戦国時代に使われた狼煙（のろし）や現在でも利用されている船灯信号がよくあげられる。確かにこれらは二つの点で現在の光通信の本質を請け負っている。一つは，光を，正確には光パワーの強弱を，信号に用いているという点である。このため，送信側から信号は光の速度（3×10^8 m/s）で受信側に伝送される。もう一つは，情報を符号化しているという点である。狼煙が上がれば敵が来たという情報であるとか，モールス符号を船灯で伝送するというように，光のパターンを特別な情報に対応させている。ただ，現在の光通信と決定的に違うのは，伝送路が空間であるという点である。現在の光通信では光ファイバを伝送路に用いている。光ファイバは通信伝送路として理想的なものであり，その技術開発の進展が光通信システムの歴史でもある。

　本章では，光ファイバ通信システムの基本構成とその開発の歴史を鳥瞰（ちょうかん）する。開発の歴史を通して技術を理解するほうが，現状技術をそのまま理解するより容易である。また，後半では dB の定義と使い方について説明する。

1.1　光ファイバ通信システムの構成

1.1.1　光ファイバ通信とは

　人に情報を伝えることを示す言葉として「通信」と「放送」がある。「通信」が，おたがいにわかっている相手に対して情報のやり取りをすることに対して，「放送」は，不特定多数の人々に一斉に同じ情報を伝えることである。情報のやり取りをすることが「通信」の本質だとすれば，「電気通信」とはその手段に電気を利用しているということである。「通信」は英語で "communica-

2   1. 光ファイバ通信とは

tions"と訳される。では「電気通信」の訳はというと"telecommunications"である。"electro-communications"ではない，というよりこのような英単語がないというほうが正確である。"tele-"は遠い，遠距離という意味で，"tele-communications"とは遠くにいる人と情報のやり取りをすることをいう。**図1.1**にコミュニケーションとテレコミュニケーションとの違いを示す。

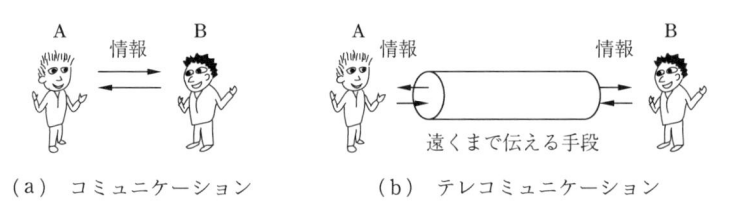

(a) コミュニケーション   (b) テレコミュニケーション

図 1.1 コミュニケーションとテレコミュニケーション

情報を遠くに伝える手段として「光」を利用することは**光通信**（optical communications）となり，「光ファイバ」を利用すると**光ファイバ通信**（optical fiber communications）となる。したがって，本書は光ファイバを使って情報を遠くまで伝達するシステムの技術（工学：engineering）を解説する。

1.1.2 基本構成

光ファイバ通信システムの基本構成を，**図1.2**に示す。光送信装置，光ファイバ，および光受信装置がシステム構成の基本である。光送信装置には，多くの信号を同じ光ファイバで伝送できるようにする多重化装置と，電気信号を光

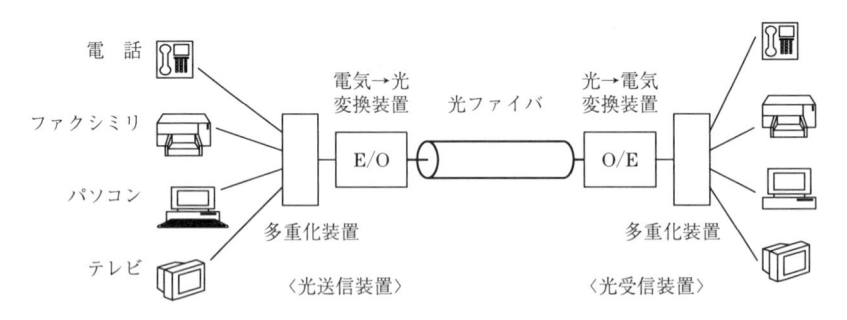

図 1.2 光ファイバ通信システムの基本構成

信号に変換する E/O 変換器（electrical-to-optical converters）が含まれる。E/O 変換器の中心は，光信号を出射する光源であり，通常は半導体レーザが使用される。出射光は光ファイバを伝搬して目的地にある光受信装置に送られる。光受信装置は，光送信装置とは逆に光信号を電気に変換する O/E 変換器（optical-to-electrical converters）と，多重にされた信号をもとに戻す多重化装置で構成される。O/E 変換器の中心は受光器であり，各種のフォトダイオードが利用される。本書では，各装置の光部分のみの講義を行うので，光ファイバ，半導体レーザ，および各種フォトダイオードがおもな内容である。

1.1.3 多　重　化

一つの端末からの信号が 1 本の光ファイバを占有することは経済的ではないので，図 1.2 に示すように，一般には多くの端末からの信号を集めて 1 本の光ファイバ（または光ファイバケーブル）で伝送する。複数の信号を集めて 1 本の伝送路で送るようにすることを**多重化**（multiplexing）と呼ぶが，多重化する方式には，① 時分割多重方式，② 波長（または周波数）分割多重方式，および ③ 空間分割多重方式がある。

時分割多重方式（**TDM**: time division multiplexing）はディジタル信号における多重化の方法で，その原理を**図 1.3** に示す。n 本のディジタル信号がパルス周期 T で送られるとき，個々のパルス幅を T/n に圧縮して時間軸上に割

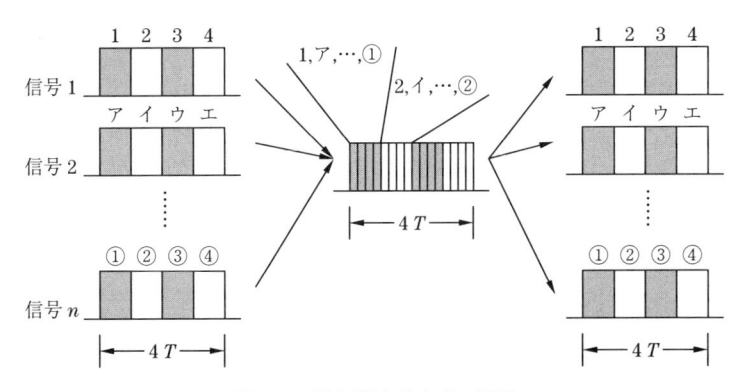

図 1.3　時分割多重方式の原理

り当て1本の伝送路に順序よく並べるやり方である。当然，多重化した後では，もとの信号の n 倍の伝送速度となる。

波長（分割）多重方式（**WDM**：wavelength division multiplexing）は，各信号を別々の波長に乗せて送るやり方であり，その原理を**図 1.4** に示す。この方式では，信号の形式をそろえる必要がないのが特長である。図のように，伝送速度の異なるディジタル信号どうし，およびアナログ信号は信号形式を変換せずにそのまま多重化できる。

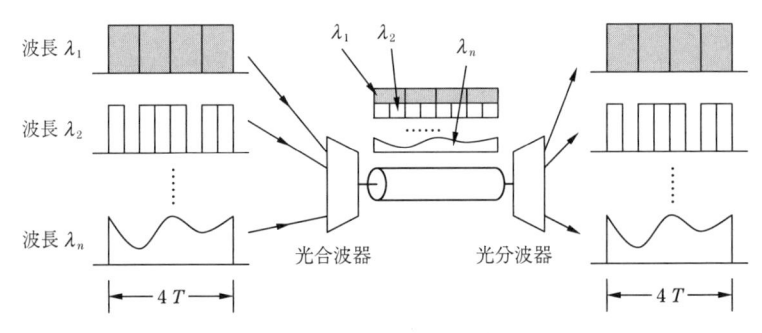

図 1.4　波長（分割）多重方式の原理

空間分割多重方式（**SDM**：space division multiplexing）は，空間を分けて伝送する方式であり，光ファイバ通信においては，**図 1.5** に示すように，各信号を1本の光ファイバケーブル内にある別々の光ファイバで伝送することを意味する。多重化して1本の光ファイバで伝送する場合と同じケーブル内にある

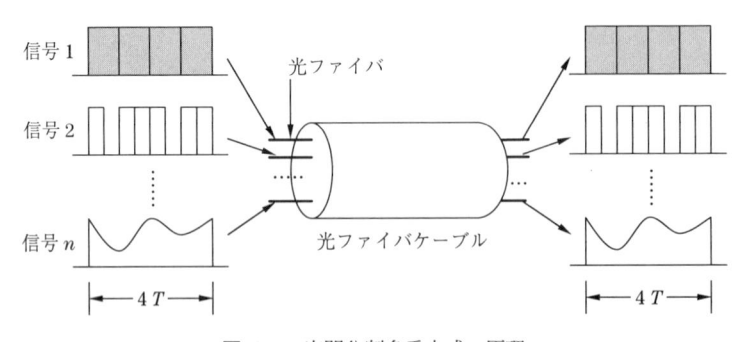

図 1.5　空間分割多重方式の原理

別の光ファイバを利用する場合との，経済性を含めた優劣比較の対象としてよく利用される。

1.1.4 長距離伝送

　光送信装置と光受信装置の距離が十分にあり，光送信装置から出射された光が光ファイバを伝搬する間に減衰して目的地まで到達しない場合には中継装置を間に挿入する。**図1.6**に，光送信装置と光受信装置に中継装置を挿入する構成を示す。ディジタル信号を伝送する光ファイバ通信では，この中継は**再生中継**と呼ばれる。図に示すように，送信信号である光パルスは，光ファイバ中を進行する間に減衰して小さくなると同時に光雑音が混入して汚い光パルス波形と変化する。再生中継器は，この汚い受信波形から"0"と"1"とを識別してもとの光パルス波形に再生する。このような再生中継器を接続すれば，何台接続しても送信信号は誤りなくもとの信号に復元されて，遠方に伝送される。

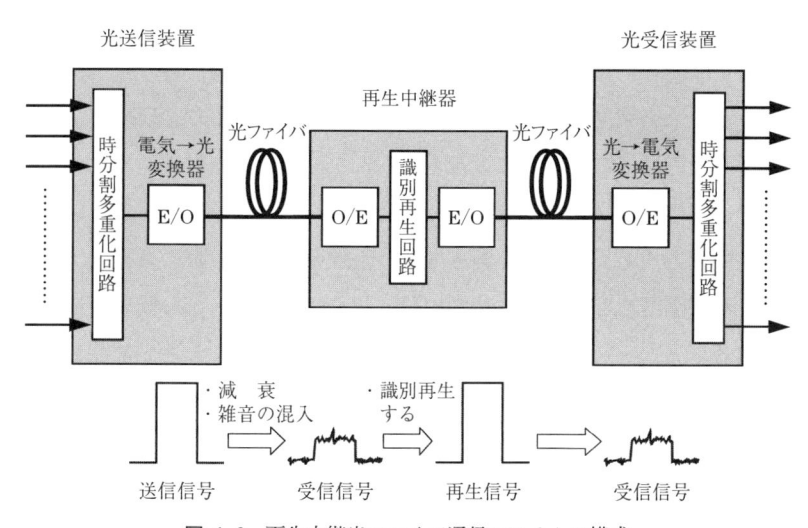

図 1.6　再生中継光ファイバ通信システムの構成

　1989年に**光ファイバ増幅器**が開発されてからは，再生中継器のかわりに光ファイバ増幅器が利用されるようになった。**図1.7**に，光増幅器を用いた波長多重光ファイバ通信システムの構成を示す。時分割多重された信号は，λ_1か

6   1. 光ファイバ通信とは

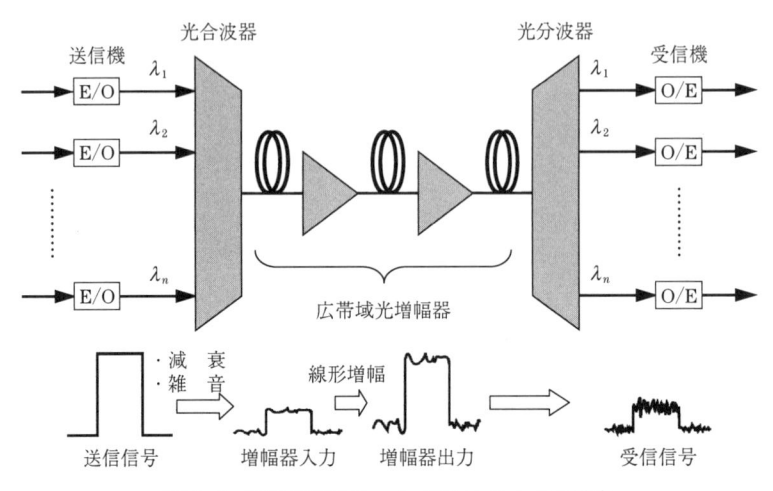

図 1.7 波長多重光ファイバ通信システムの構成

ら λ_n まである各波長の送信機により光信号に変換されてのち，光合波器により合波されて1本の光ファイバに送られる。したがって，光ファイバ中を伝搬する光がもつ信号容量は，図1.6の再生中継方式の n 倍となる。光ファイバを伝搬して減衰した光は，途中の広帯域光ファイバ増幅器で各波長一括に増幅される。この広帯域光増幅器により繰り返し増幅されたのち，目的地で各波長に分波され受信機で電気信号に復元される。このとき，光増幅器では，光パルスをそのまま増幅するため，混入した光雑音がともに増幅される。したがって，再生中継方式と異なり，きわめて長い距離を伝送する際には光ファイバ，光ファイバ増幅器などに対して特別の設計が必要となる。この構成では，光合波・分波器，光ファイバ増幅器が登場する。本書では，これら光部品について解説する。

1.2 開発の歴史

光ファイバ通信システムの開発におけるおもな歴史上の出来事を**表1.1**に示す。1960年にレーザが発明され，人類は自然界にはないコヒーレントな光を手に入れた。レーザは当初より通信への応用が期待され，信号伝送用光源とし

1.2 開発の歴史

表 1.1 光ファイバ通信システムの開発におけるおもな歴史上の出来事

年	人物（国名）	事項
1960	Maiman, 他（アメリカ）	ルビーレーザの発振
1962	Hall, 他（アメリカ）	GaAs 半導体レーザの冷却パルス発振
1966	Kao（イギリス）	低損失光ファイバ実現の可能性を示唆
1970	Alferov, 他（旧ソ連）	GaAs 半導体レーザの室温連続発振
	Hayashi, 他（アメリカ）	
	Kapron, 他（アメリカ）	損失 20 dB/km（波長 633 nm）光ファイバの実現
1976	堀口, 小山内（日本）	0.5 dB/km（波長 1 300 nm）光ファイバの実現
1979	宮, 他（日本）	0.2 dB/km（波長 1 550 nm）光ファイバの実現
1989	Payne, 他（イギリス）	エルビウム（Er）添加光ファイバ増幅器の開発
	中沢, 他（日本）	

ての開発が進められた。1970 年における室温連続発振半導体レーザの開発，1980 年代初めでの波長 1 550 nm 帯室温連続発振半導体レーザの開発競争がそれにあたる。

一方，光ファイバの歴史に目を向けると，1966 年での Kao による低損失光ファイバ実現への示唆と，その 4 年後における損失 20 dB/km の単一モード光ファイバの製作発表が光ファイバ開発競争の幕開けである。石英系ガラスファイバを光通信用伝送路の本命とすることに疑問の余地はないが，1970 年度当初では GaAs 半導体レーザの発振波長である 850 nm 帯と光ファイバの低損失波長帯である第 1 の窓を利用することが想定されていた。図 1.8 に石英系光ファイバの損失波長特性を示す。800～900 nm が第 1 の窓である。

この損失を打ち破ったのが，波長 1 300 nm 帯での 0.5 dB/km 光ファイバの実現（1976 年）である。この波長帯は光ファイバ第 2 の窓といわれる。この実現は長波長帯という新しい波長領域に「宝の山」があるという認識を開発研究者に植え付け，より低損失な光ファイバ波長帯の開拓，長波長帯半導体レーザの開発，長波長帯受光素子の開発などを推進した。その 3 年後には，波長 1 550 nm 帯での 0.2 dB/km 単一モード光ファイバが製造・発表され，1 400～1 650 nm の広い波長範囲に理論限界に近い損失をもつ領域があることが明らかにされた。これが第 3 の窓である。この広い波長領域を有効に利用すれば膨大な情報伝送容量が得られると期待された。

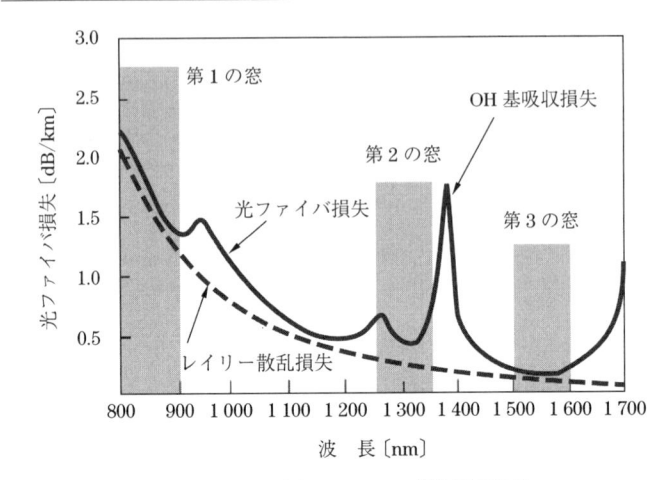

図 1.8 石英系光ファイバの損失波長特性

　1989年，エルビウム（Er）添加光ファイバを増幅媒体とした光増幅器の性能が明らかにされ，当初は光損失を補う目的で長距離高速伝送への応用が着目された。1990年代に入ると，エルビウム添加光ファイバは広い波長範囲で増幅利得が得られるので，光ファイバの広い低損失特性と合わせて波長多重伝送による超大容量伝送の実現に開発競争が集中した。図 1.9 に，実用導入された光ファイバ通信システムにおける伝送容量の推移を示す。

　日本では，1981年の 32 Mbps，100 Mbps 伝送方式が最初の導入であるが，

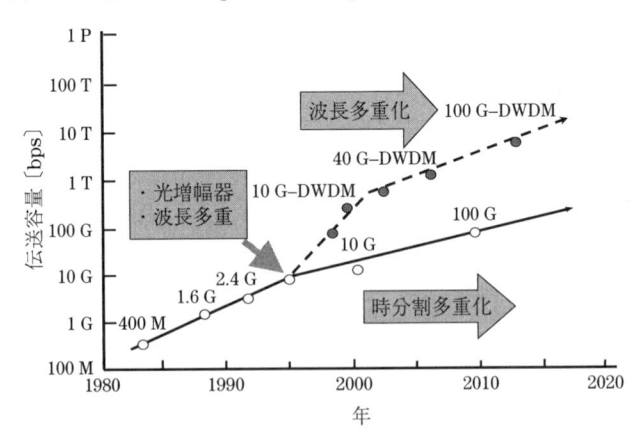

図 1.9 実用化された光ファイバ通信システムの伝送容量

その後10年間に，毎年約10倍の伸び率で時分割多重方式によって伝送容量は増大している。

1995年，アメリカで**インターネット**（the Internet）設備が民間に売却され商用利用が積極的になった結果，北米を中心に長距離伝送系のトラヒックが急増した。1996年から，国土の広い北米では，既設の光ファイバケーブルを有効に利用する目的で波長多重伝送技術が導入され，これ以後には多重度を増やすことで急速な伝送容量の増加が得られるようになった。2001年には10 Tbpsまでの伝送実験が発表されるなど，ブロードバンド時代における通信の担い手として光ファイバ通信システムの重要度はますます堅固になっている。

最後に伝送路としての光ファイバの特長をあげる。

（1） 低損失であること —— 広い波長範囲において0.5 dB/km以下の損失である。
（2） 広帯域であること —— 伝送容量10 Tbpsまでの実現が期待されている。
（3） 無誘導・無漏話であること —— 光ファイバ間では誘導，漏話がなく，生活空間，産業領域のあらゆる領域に利用できる。
（4） 細径・軽量であること —— 配線工事が楽であり，空きスペースをあまり必要としない。
（5） 経済的である —— 光ファイバの原料である石英ガラス（SiO_2）は地球上に無尽蔵にあり，金属より価格が安い。

1.3　dB　と　は

1.3.1　dB の 定 義

光ファイバのような通信路の伝送効率を表すのに**dB**（**デシベル**）という単位が用いられる。**図1.10**に示す通信路または**図1.11**に示す増幅器を考え，送信側での入力パワーをP_1，受信側での出力パワーをP_2とする。このとき，dBで表した伝送効率は式（1.1）で示される。

1. 光ファイバ通信とは

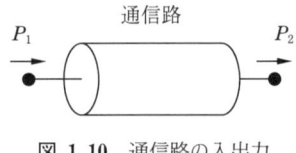

図 1.10 通信路の入出力パワー

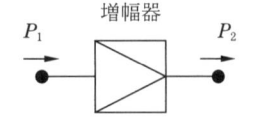

図 1.11 増幅器の入出力パワー

$$\text{伝送効率} = 10 \log_{10} \frac{P_2}{P_1} \quad [\text{dB}] \tag{1.1}$$

dB 値では，入力パワーに対する出力パワーの比を，10 を基底とした対数で求める。出力パワーが入力パワーに対して大きな値となる場合，すなわち増幅される場合では，式 (1.1) は＋(正)の値であるが，出力パワーが入力パワーに対して小さな値となる場合には－(負)の値となる。出力パワーが入力パワーより小さくなる場合とは，損失のある伝送路を通過する場合などである。このような場合には，伝送効率「－○○ dB」と表現せず，伝送損失「○○ dB」という。「－」を損失と置き換えて表現する場合が多い。

図 1.12 のように，二つの出力ポートでのパワーがそれぞれ入力パワーの 1/2 になる場合，一つの出力ポートからみると効率は $10 \log_{10}(1/2) = -3.01$ dB となる。約 3 dB の分岐比であるため，このような 2 分岐回路を 3 dB 結合器とも呼ぶ。図 1.13 のように，出力ポートが 10 個あり，それぞれ等分に入力パワーを分岐する場合は分岐比 10 dB の 10 分岐回路となる。

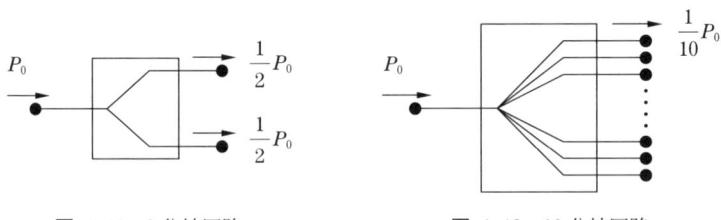

図 1.12 2 分岐回路

図 1.13 10 分岐回路

式 (1.1) の伝送効率は，入力パワー P_1 と出力パワー P_2 との比で dB を求めているため相対レベルでの dB 値という。これに対して，基準となるパワーを 1 mW として，この値に対する比を dB 表現したものを絶対レベルでの dB

値といい，dBm の単位で表す．すなわちパワー P [mW] を dBm 表示するには式 (1.2) を用いる．

$$\text{絶対レベル} = 10 \log_{10} \frac{P \, [\text{mW}]}{1 \, [\text{mW}]} \quad [\text{dBm}] \tag{1.2}$$

例 1.1　dB の計算

$10 \log_{10} 2 \cong 3$ と $10 \log_{10} 10 = 10$ を用いると，4，5，8 は容易に計算でき，

$4 \, \text{mW} = 10 \log_{10} 4 = 10 \log_{10} 2^2 = 2 \times 10 \log_{10} 2 = 6 \, \text{dBm}$

$5 \, \text{mW} = 10 \log_{10} \frac{10}{2} = 10 \log_{10} 10 - 10 \log_{10} 2 = 10 - 3 = 7 \, \text{dBm}$

$8 \, \text{mW} = 10 \log_{10} 8 = 10 \log_{10} 2^3 = 3 \times 10 \log_{10} 2 = 9 \, \text{dBm}$

となる．また，μ (マイクロ) $= 10^{-6}$，n (ナノ) $= 10^{-9}$，p (ピコ) $= 10^{-12}$ から

$1 \, \text{W} = +30 \, \text{dBm}, \, 1 \, \text{mW} = 0 \, \text{dBm}, \, 1 \, \mu\text{W} = -30 \, \text{dBm},$

$1 \, \text{nW} = -60 \, \text{dBm}, \, 1 \, \text{pW} = -90 \, \text{dBm}$

となる．上式より光通信システムで使われる光パワーのほとんどの範囲は網羅される．例えば，500 nW を dBm で表すと，つぎのようになる．

$500 \, \text{nW} = 10 \log_{10} (500 \times 10^{-6}) = 7 + 20 - 60 = -33 \, \text{dBm}$

1.3.2　dB 計算による通信システムの設計

通信システムにおいて，信号はいくつかの伝送路，および増幅器，分岐回路，減衰器などの回路を経て目的地の受信機に達する．このようなシステム系での設計に dB 単位を用いると計算が楽になり，設計上の見通しがよい．

図 1.14 に示すように，n 個の構成要素をもつシステムを考える．i 番目の

ひとロメモ

対 数 の 性 質

a，b，X，および Y が正の数で，$a \neq 1$，$b \neq 1$，および p が実数のとき

(1) $\log_a XY = \log_a X + \log_a Y$，　(2) $\log_a \frac{X}{Y} = \log_a X - \log_a Y$

(3) $\log_a X^p = p \log_a X$，および　(4) $\log_a X = \frac{\log_b X}{\log_b a}$

である．

12　　1.　光ファイバ通信とは

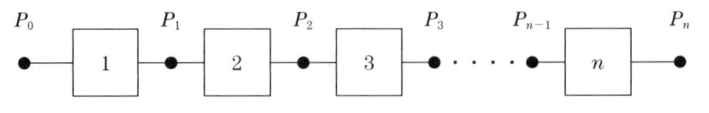

図 1.14　通信システムの基本構成

構成要素からの出力パワーを P_i とおき，各要素の伝送効率 P_i/P_{i-1} を dB で表した値を

$$D_i = 10 \log \frac{P_i}{P_{i-1}} \quad [\text{dB}] \tag{1.3}$$

とおく。入力パワー P_0 がシステム全体を通過した後での出力パワー P_n は

$$P_n = P_0 \frac{P_1}{P_0} \frac{P_2}{P_1} \cdots \frac{P_n}{P_{n-1}} \tag{1.4}$$

となり，dB 単位で

$$10 \log P_n = 10 \log P_0 + 10 \log \frac{P_1}{P_0} + 10 \log \frac{P_2}{P_1} + \cdots + 10 \log \frac{P_n}{P_{n-1}}$$
$$= 10 \log P_0 + D_1 + D_2 + \cdots + D_n \tag{1.5}$$

と書くことができる。出力パワーの dBm 値は，入力パワーの dBm 値と各構成要素の dB 値の合計で求めることができることが理解される。すなわち，dB は本来積算で求めるシステム全体の伝送効率を足し算と引き算のみで求めるという便利なやり方である。

例 1.2　光ファイバの伝送損失

光ファイバの伝送損失は一般に dB/km の単位で表されることを示す。

図 1.15 に示すように，光ファイバ中で光損失が長さ方向で均一に分布している場合を考える。入力点より距離 z 伝搬したときの光パワーを $P(z)$ とし，z 点より Δz 進んだ点における光パワーを $P(z+\Delta z)$ とする。損失となる光パワーの $P(z)$ に対する割合を単位長さ当り α〔1/単位長〕とおくと，z 点より $z+\Delta z$ 点の間で損失となって光ファイバから失われる光パワーは $\alpha P(z) \Delta z$ となる。

したがって

$$P(z) - P(z+\Delta z) = \alpha P(z) \Delta z \tag{1.6}$$

の関係が得られる。Δz が非常に小さくなる極限を考えると，式 (1.6) は

$$\frac{P(z+\Delta z) - P(z)}{\Delta z} \cong \frac{d}{dz} P(z) = -\alpha P(z) \tag{1.7}$$

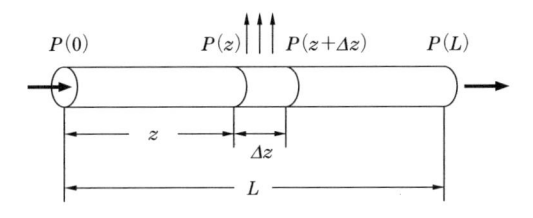

図 1.15　光ファイバ中の光パワーの伝搬と光損失

と変形される。入力光パワーを $P(0)$ とおくと，式 (1.7) は容易に解くことができ

$$P(z) = P(0)e^{-\alpha z} \tag{1.8}$$

となる。図 1.16 に光ファイバ中の実スケール光パワーを示す。長さ方向に均一な損失をもつ光ファイバでは，光パワーは指数関数で減少する。これを dB 値で表すと

$$10 \log_{10} P(z) - 10 \log_{10} P(0) = -\alpha z \times 10 \log_{10} e \tag{1.9}$$

となり

$$\alpha_0 = (10 \log_{10} e)\alpha \cong 4.34\alpha \quad [\text{dB/単位長}] \tag{1.10}$$

を用いると，式 (1.9) は

$$10 \log_{10} P(z) - 10 \log_{10} P(0) = -\alpha_0 z \tag{1.11}$$

と簡単に表される。dBm スケールにおける光ファイバ中の光パワーを図 1.17 に示す。dBm 値で表した光パワーは直線状に減少する。直線の傾きを光ファイバ損失として，km 当りの損失 α_0 は dB/km で表される。

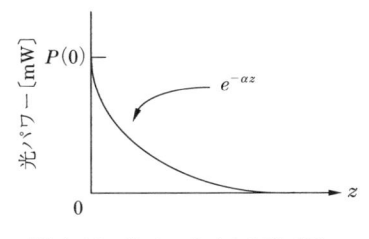

図 1.16　光ファイバ中の光パワー（実スケール）

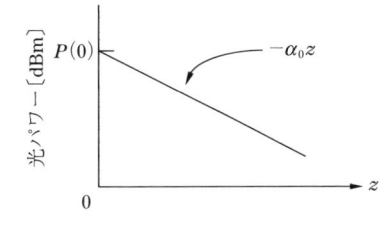

図 1.17　光ファイバ中の光パワー（dBm スケール）

例 1.3　光 CATV システムの設計

ケーブルテレビ（CATV：cable television）は山間僻地や都市ビルの谷間における地域共聴テレビシステムとして誕生した。当初は伝送媒体として同軸ケーブルが利用されたが，より広範囲に顕在するブロードバンド需要に応えるために，

14　　1. 光ファイバ通信とは

光ファイバの利用が増加している。

　光ファイバを用いた CATV システムでは，光送受信機のほかに映像信号の分配のための光分岐回路，光分配に伴う光損失を補うための光増幅器などが利用される。システム構成の一例を図 1.18（a）に示す。図では，4 分岐回路と 8 分岐回路を用いて，信号を 32 分割し加入者宅に分配している。

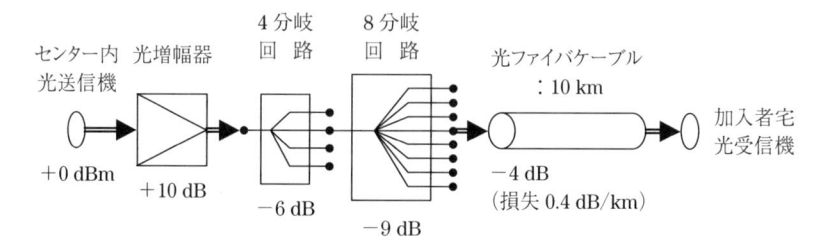

（a）　基　本　構　成　図

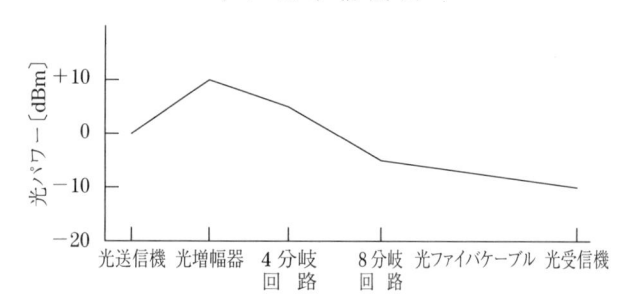

（b）　光パワーレベルダイヤグラム

図 1.18　光ファイバを用いた CATV システムにおける光パワーレベル

　いま，光送信機での光パワー出力を 0 dBm，光増幅器の利得を 10 dB とし，光分岐回路では分岐以外の損失はないとすると，4 分岐回路での損失は 6 dB，8 分岐回路での損失は 9 dB となる。加入者宅までの配信には損失 0.4 dB/km の光ファイバケーブルを最大 10 km まで利用できるとすると，加入者宅の光受信機に達する光パワー P_{out} は式（1.5）を用いて

$$P_{\text{out}} = 0 + 10 - 6 - 9 - 4 = -9 \, \text{dBm} \tag{1.12}$$

と計算される。図（b）に光パワーレベルの変化を示す。この図はレベルダイヤグラムといい，光パワー増減の様子がよくわかるため，設計上の見通しを得る目的で利用される。実際の設計では，上記以外に，光分岐回路での損失，光ファイバ接続損失，パワーマージンなどより詳細な要因分析が必要である。

章 末 問 題

【1】 光ファイバ通信システムは，下記の（　）内の光部品により構成される。システム構成図を描き，各光部品の役割を記述せよ。
（光ファイバ，フォトダイオード，光ファイバ増幅器，半導体レーザ，合波器，分波器）

【2】 光ファイバの損失における「窓」の発見が，どのような光ファイバ通信システムを実現したかについて，「窓」の内容とともに記述せよ。

【3】 dB 値を求めるつぎの問いに答えよ。
（1） 光パワーを dBm 単位で表せ。
　　① 10 pW，② 20 nW，③ 40 kW，④ 50 μW，⑤ 80 mW
（2） 入力光パワー 500 nW に対して光出力が 80 μW である光増幅器の利得を dB で求めよ。
（3） 入力光パワー 8 mW に対して出力パワーが 5 μW となる 80 km の光ファイバがある。この光ファイバの損失を dB/km で表せ。
（4） ある光 CATV システムでは，500 加入者に信号光を分配するため 500 分岐回路を用いている。光入力を等分に分割し，かつ分割以外には損失がないとしてこの分岐回路の損失を dB で表せ。

【4】 問図 1.1 に示す光 CATV システムにおいて，光送信機の出力パワーが $-5\,\mathrm{dBm}$，光増幅器の利得が 20 dB のとき，加入者宅光受信機に達する光パワーを $-15\,\mathrm{dBm}$ 以上とするためには，損失 0.5 dB/km の光ファイバケーブルは何 km まで使用できるか答えよ。ここで，8 光分岐回路では光パワーは等分に 8 分割されそれ以外の損失はないとする。

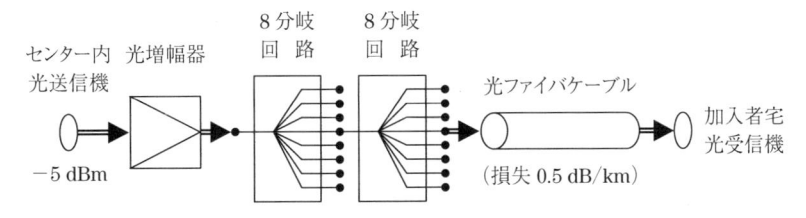

問図 1.1　光 CATV システムの構成図

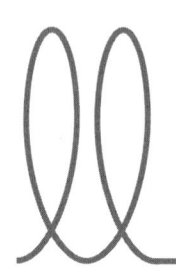

2. 光線の伝搬

　光の本性が何であるかは古来からいろいろと議論されてきた。波であるか粒子であるかというのが論争の焦点である。19世紀に光は電磁波の一種であり波としての性質をもつこと，また20世紀の初めに波としての性質と粒子としての性質を併せもつ量子力学的粒子であることが認識された。少なくとも光ファイバのような導波路中での光の振る舞いを記述するには波動として扱うことがより正確であることが明らかにされている。しかしながら，ピンポン玉が直進あるいは反射して進むように，光の軌跡を線としてとらえることは人間の直感に訴えて光の特性に関する理解をやさしくする。場合によっては精度の高い近似となる。光が進む軌跡を線としてとらえ解析する学問は**幾何光学**（geometrical optics）または**光線光学**（ray optics）と呼ばれている。

　本章では，導波路における光の振る舞いを線として記述しつつ，波としての光の性質を考慮することにより幾何光学のみではとらえられない光伝搬の特性を明らかにする。

2.1 光 の 性 質

2.1.1 光 の 直 進

　光は密度の等しい媒質中を進むとき直進する。密度が等しい媒質中では光は真空中での光の速度より一定の割合で遅くなる。真空中での光の速度 c に対する媒質中の速度 v の比を**屈折率**（refractive index）といい，媒質により決められた値である。すなわち，媒質の屈折率 n は次式となる。

$$n = \frac{c}{v} \tag{2.1}$$

2.1 光の性質

　光の波としての性質を考えると，光は振動する量（すなわち電界と磁界）と振動の状態である位相をもつ。**図 2.1** に直進する光の波としての振る舞いを示す。いくつかの光が同一方向に進むと等しい位相を連ねた直線を描くことができ，その直線を**波面**（wave front）と呼ぶ。波面は光の進行方向に垂直である。振動する量が1往復する間，光が進む距離を**波長**（wavelength）という。1周期振動する時間は媒質中と真空中で同じであるので，媒質中の波長を λ，真空中の波長を λ_0 とおくと

$$\lambda : \lambda_0 = v : c \tag{2.2}$$

が成立する。式 (2.1) より

$$\lambda = \frac{v}{c}\lambda_0 = \frac{\lambda_0}{n} \tag{2.3}$$

の関係が得られる。媒質中での光の波長は屈折率分短くなる。

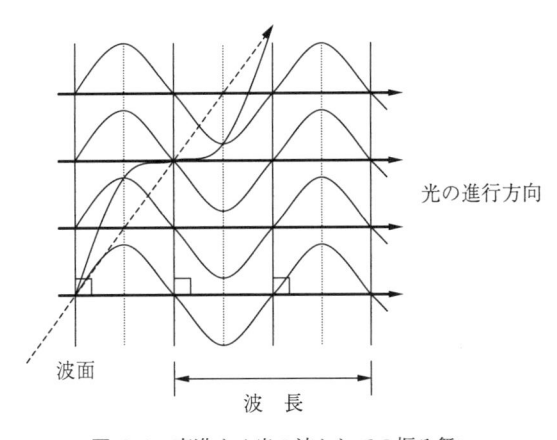

図 2.1　直進する光の波としての振る舞い

　波長は，光の進行方向から傾いた直線で測ると進行方向の波長より長くみえる。長くみえる分速度が速くみえる。図2.1に斜めの点線でその様子を示す。波が進む速度を**位相速度**（phase velocity）と呼ぶが，光の進行方向，正確には光エネルギーの進行方向とは異なる方向でみると位相速度は光エネルギー速度より速い。

2.1.2 光 の 反 射

直進する光はガラスや金属などの物体に当たると反射する。図 2.2 に示すように，入射光線と反射光線は，反射点で垂直に立てた法線と同一平面内にある。入射光線と法線，反射光線と法線とがなす角度を，それぞ入射角 θ_i，反射角 θ_r と定義すると

$$\theta_i = \theta_r \tag{2.4}$$

となる。これが**反射の法則**である。

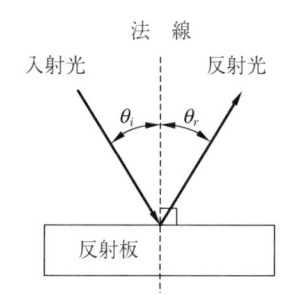

図 2.2 光の反射

波の反射を考えるとき，反射端を固定端とみなせるか自由端とみなせるかにより位相の取扱いが異なる。固定端とは，図 2.3 に示すように反射端での振幅がつねに 0 となるように固定されている状態であり，入射波と反射波の位相は π〔rad〕(半波長) ずれる。図の点線は位相差がない場合の反射波の様子を示している。位相差がないとすると入射波と反射波は打ち消し合い振幅が消滅す

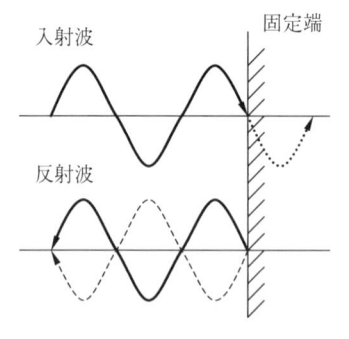

図 2.3 固定端での波の反射　　図 2.4 自由端での波の反射

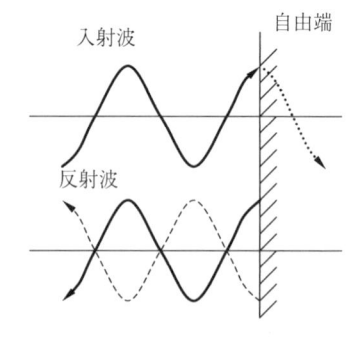

る。逆にπずれると，入射波と反射波は重なり合い振幅が2倍となり反射端は節となる。一方，自由端では，端での振幅は自由な値をとることができ，入射波と反射波とで位相の差はない。図2.4にその様子を示す。この場合は位相差のない実線のとき入射波と反射波が重なり合い，反射端は腹となる。光の反射では，反射板が超伝導体のような抵抗のない完全導体のとき，電界には固定端となり，磁界には自由端となる。すなわち，反射面での電界は0である。

いま，光が2枚の鏡に挟まれて反射し減衰なしに鏡の間を往復するとする。さまざまな波長と位相をもった光がそれぞれ往復すると，図2.5に示すように入射波，反射波が重なり合って振幅は打ち消し合い，結局，ある特定の条件をもった光のみが存在できるようになる。電界が両反射面で0，すなわち節となる光のみが存在し，そのような電界強度の例を図2.6に示す。決められた位置に節と腹をもつ波となり，進行しない波のようにみえる。このような波を**定常波**（stationary waves）といい，鏡の間隔Lと光の波長λとの間に

$$L = \frac{\lambda}{2}(m+1) \quad (m = 0, 1, 2, \cdots) \tag{2.5}$$

の関係がある。mは，両端を除いて鏡の間にある節の数を示し，mの値により定常波を区別している。区別された定常波の種類を**モード**（modes）と呼び，mを**モード次数**（mode order）または**モード番号**という。鏡の間に節の

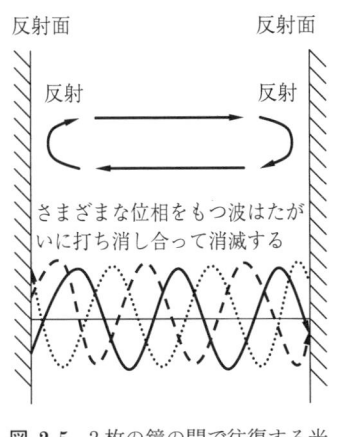

図2.5　2枚の鏡の間で往復する光

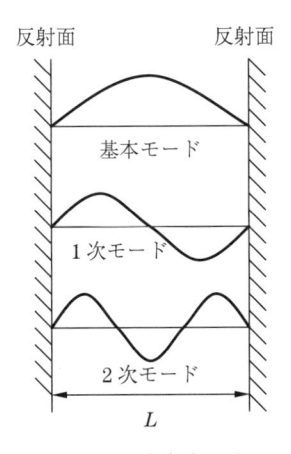

図2.6　定常波の形

ない $m=0$ となるモードを**最低次モード**または**基本モード**，節をもつ m が1以上となるモードを総称して**高次モード**といい，個々には m 次モードと呼ぶ。図2.6は0次モード，1次モード，および2次モードの電界強度を示す。

2.1.3 光 の 屈 折

光は，屈折率の異なる媒質が接する境界面を横切るとき屈折する。この場合，図2.7に示すように，二つの媒質1，2の境界面に立てた法線と入射光とがなす角を θ_1，法線と屈折光とがなす角を θ_2，媒質の屈折率をそれぞれ n_1，n_2 とすると

$$n_1 \sin \theta_1 = n_2 \sin \theta_2 \tag{2.6}$$

が成立する。**スネルの法則**（Snell's law）である。この法則は，**ホイヘンスの原理**（Huygens' principle）により説明できる。

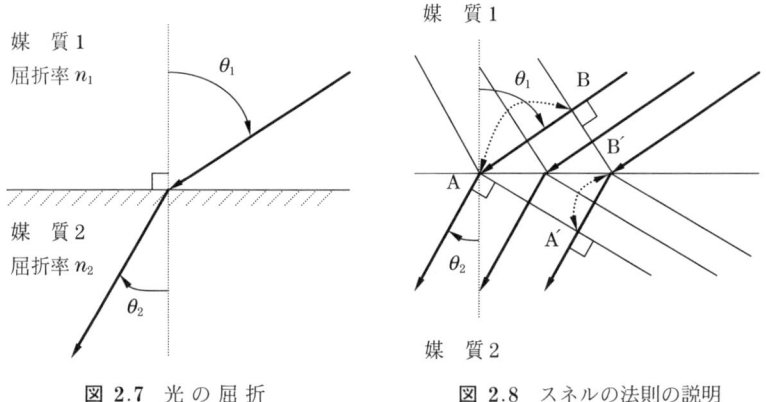

図 2.7 光 の 屈 折   図 2.8 スネルの法則の説明

ホイヘンスの原理とは，「ある時刻の波面 S_0 が与えられると，そこからわずかな時間を経た波面 S は，S_0 上の各点を波源とした小さい球面波〔素波（elementary wave）という〕の重なりによって生じる」というものである。波面の垂直方向が，光の進行方向である。いま，図2.8のような屈折する光線の束を考える。ある時刻の波面 S_0 として図のBB′面を考え，そこからわずかな時間を経た波面 S としてAA′面を考える。光の進む時間はBA間とB′A′

間で同じであるので，それぞれの距離を各媒質での光の速度で割った値は同じである。すなわち

$$\frac{\overline{\mathrm{BA}}}{c/n_1} = \frac{\overline{\mathrm{B'A'}}}{c/n_2} \tag{2.7}$$

となる。ここで，式 (2.1) を用いた。さらに，$\overline{\mathrm{BA}} = \overline{\mathrm{AB'}} \sin \theta_1$ と $\overline{\mathrm{B'A'}} = \overline{\mathrm{AB'}} \sin \theta_2$ を式 (2.7) を代入すると式 (2.6) が導かれる。

　光が水中から空気中へと入射するときのように，屈折率の大きな媒質から屈折率の小さな媒質へと進む場合には，屈折角は入射角より大きい。**図 2.9** のように，入射角をさらに大きくすると屈折角が 90° となり，光は境界面に沿って進む。この角度より入射角が大きいと光は媒質 1 に進むことなく境界面で**全反射**する。屈折角が 90° となるときの入射角を**臨界角** θ_c といい，式 (2.6) より

$$\sin \theta_c = \frac{n_1}{n_2} \tag{2.8}$$

が求まる。

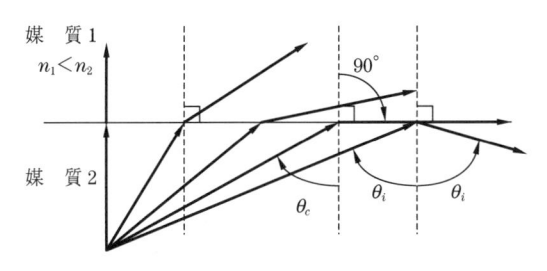

図 2.9　屈折と全反射

　光ファイバのような光導波路は屈折率の高い媒質が屈折率の低い媒質に覆われており，光は屈折率の高い媒質中を全反射を繰り返しながら長さ方向に進行する。**図 2.10** にはその様子を示す。光ファイバに多少の曲がりが生じていて

ひとロメモ

物質の屈折率

波長 589.3 nm，20°C の条件下では，物質の屈折率は下記のとおりである。

　空　気：1.000 3　　水：1.333　　氷：1.309
　石英ガラス：1.46　　ダイヤモンド：2.42

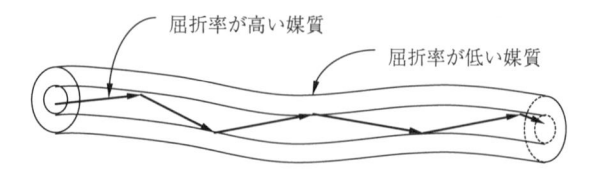

図 2.10　光ファイバ内での光の伝搬

も，臨界角以内で全反射するかぎり，光は漏れることなく光ファイバ中を進行し，数百 km という距離を伝搬する。

例 2.1　臨界角のいろいろ
（1）　水と空気
$$\theta_c = \sin^{-1}\left(\frac{1}{1.333}\right) = 48.6°$$
（2）　石英ガラスと空気
$$\theta_c = \sin^{-1}\left(\frac{1}{1.46}\right) = 43.2°$$
（3）　わずかに屈折率の異なるガラス
　　$n_2 = 1.45$，$(n_2 - n_1)/n_2 = 0.35\%$ のとき
$$\theta_c = \sin^{-1}(1 - 0.0035) = 85.2°$$
である。

2.2　光導波路内での光線の伝搬

2.2.1　光導波路の種類

光導波路（optical waveguides）とは，文字どおり光を遠くまで導いていくための路であり，そのために光を伝搬方向とは垂直のある狭い領域に閉じ込める構造となっている。通常，2.1.3 項で述べた全反射を利用して 2 次元的に光を閉じ込めるため，周囲より屈折率が高く透明な媒質とそれを覆う屈折率の低い媒質の二つの媒質からなる。光を閉じ込める領域を**コア**（core），その周囲を**クラッド**（cladding）と呼ぶ。

図 2.11 に代表的な光導波路の形状を示す。図（a）は**平面光導波路**

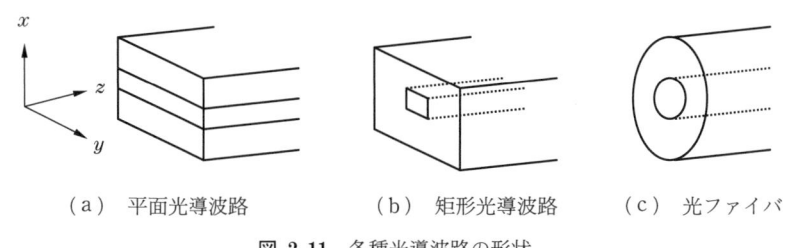

(a) 平面光導波路　　(b) 矩形光導波路　　(c) 光ファイバ

図 2.11　各種光導波路の形状

(planer optical waveguides) であり，光を閉じ込める領域となる平板をより屈折率の低い平板でサンドイッチのように挟む構造となっている。平板 (slab) の3層構造であるため**スラブ導波路** (slab waveguides) ともいわれる。光の伝搬方向 z に対して1方向しか光を閉じ込めていなく，光の制御が難しいため実際の応用例は少ない。しかしながら，2次元のみでの取扱いで理論解析が可能なため，伝搬特性解析の最も簡単なモデルとしてよく利用される。図 (b) は四角いコア部をもつ**矩形光導波路** (rectangular optical waveguides) で，コアがクラッド内に埋め込まれているため埋込み形光導波路ともいわれる。半導体レーザ，**石英平面光回路** (planar lightwave circuits：PLC) など実用品は多い。図 (c) は**光ファイバ** (optical fibers) である。円筒状のコアとその外側に同心円筒のクラッドをもつ。

本節と次節では，平面光導波路を用いて導波路内における光の伝わり方，伝搬モード，カットオフ波長などを説明する。

2.2.2　導波路への光の入射

光導波路のコア部の寸法は数 μm 〜数十 μm と非常に微細であるため，光を導波路内に入射するためには微小レンズなど特別な光学器具が必要である。光源からの光をレンズで集光して導波路端面に導いたとしてもすべての光が導波路内を伝搬するわけではなく，ある範囲内にある光のみが導波される。逆に導波路からみると，導波路の構造によって決められたある方向から入射される光のみを導くことになる。

光導波路が受け入れる入射光の条件を求めるために，**図 2.12** に示す平面光

2. 光線の伝搬

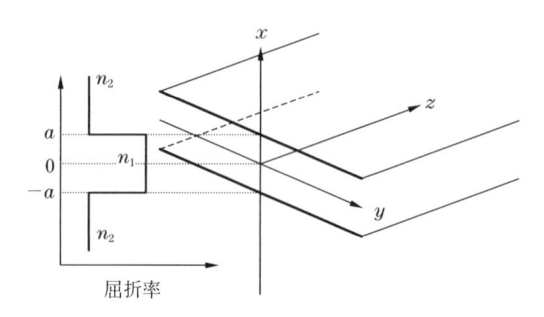

図 2.12 平面光導波路の構造

導波路を考える。屈折率 n_1 の平板状コアが屈折率 n_2 のクラッドに挟まれた構造であり，平板面とは垂直な方向が x，平面板と平行な方向が y，および光が伝搬する方向を z とする。y 方向には構造変化がないので光の電磁界強度の変化はない。したがって，x-z 平面のみを考える。

光導波路の入射端付近における x-z 平面の断面を図 2.13 に示す。左側から右側の光導波路端面に向けて光が入射するとする。①に示す光線のように，光導波路の端面に対して大きな角度で光が入射すると，コア-クラッド境界での入射角度が臨界角以内となり境界を突き抜けてクラッド遠方に放射される。すなわち，光はコア内を伝搬しない。③の光線のように狭い角度で入射すると，コア-クラッド境界では臨界角以上となり境界で全反射されてコア内を伝搬する。①と③の境界が，コア-クラッド境界では臨界角で入射する光線②

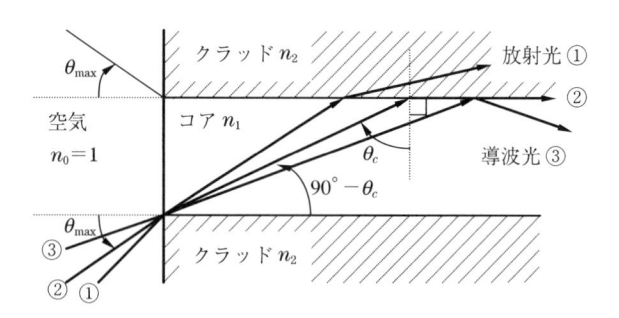

図 2.13 光導波路の入射端付近における x-z 平面の断面

であり，このときの入射角度が最大受光角 θ_{max} である．この最大受光角 θ_{max} より狭い角度で入射する光が光導波路中を伝搬する導波光となる．

空気の屈折率を1として最大受光角 θ_{max} を求める．コア-クラッド境界と導波路端面のそれぞれに式（2.6）のスネルの法則を当てはめると

$$n_1 \sin \theta_c = n_2 \tag{2.9}$$

$$\sin \theta_{max} = n_1 \sin(90° - \theta_c) = n_1 \cos \theta_c \tag{2.10}$$

となる．式（2.9）より式（2.10）はさらに変形されて

$$\sin \theta_{max} = \sqrt{n_1^2 - n_2^2} \tag{2.11}$$

となる．$\sin \theta_{max}$ は，**開口数**（**NA**: numerical aperture）と呼ばれる光導波路の基本パラメータで，光源からの光の結合効率を示す目安として用いられる．レンズ光学では結像の明るさを示す．

開口数 NA は，コア-クラッド間の**比屈折率差**（relative refractive index difference）$\varDelta$ を用いて

$$\mathrm{NA} = n_1\sqrt{2\varDelta} \tag{2.12}$$

と書くことができる．ここで $\varDelta$ は

$$\varDelta = \frac{n_1^2 - n_2^2}{2n_1^2} \tag{2.13}$$

で定義される．光ファイバのように $\varDelta$ が十分小さい（0.3〜3％）場合，式（2.13）は簡単に

$$\varDelta \cong \frac{n_1 - n_2}{n_1} \tag{2.14}$$

より計算される．$\varDelta$ は通常，％で表示される．

例2.2　NAの計算

（1）　$n_1 = 1.45$，$\varDelta = 0.35$％の単一モード光ファイバの場合では
　　　$\mathrm{NA} = 1.45\sqrt{2 \times 0.0035} = 0.12$

（2）　$n_1 = 1.45$，$\varDelta = 1.0$％の多モード光ファイバの場合では
　　　$\mathrm{NA} = 1.45\sqrt{2 \times 0.01} = 0.21$

となる．

2.2.3 伝搬モード

光はコア-クラッド境界での全反射を繰り返すことによって光導波路内を伝搬することを 2.1.3 項で説明した。受光角以内で入射した光は束となりさまざまな角度で光導波路中を進行する。いま，図 2.14（a）に示すように，光導波路の長さ方向に対して角度 θ で伝搬する光の束を考える。角度 θ で進行する光は，図の上側の境界で反射し，つぎには下側の境界で反射する。同じ光が進行方向を周期的に変化させているので，角度 θ で伝搬するかぎり上側で反射する光と下側で反射する光とを区別することはできない。すなわち，ともに同じ種類の光であり，上下境界で反射する光はそれぞれ一つの光の一部であるとみなすことができる。

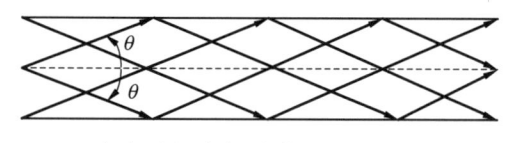

(a) 同じ角度で伝搬する光線の束

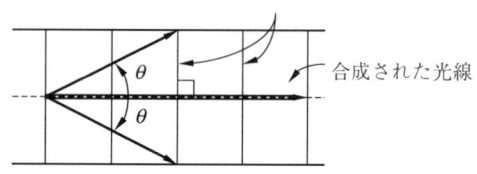

(b) 光線の合成

図 2.14　同じ角度で伝搬する光線束の合成

角度 θ で伝搬する一つの光として，上側の境界に進む光と下側の境界に進む光とで合成された光を考える。図（b）に示すように，この合成された光は光導波路の長さ方向に真っすぐ進行し，その波面は長さ方向に対して垂直方向にある。

つぎにこの合成された光を詳しくみることにする。図 2.15 はコア-クラッド境界で反射する光の波面を示している。いま，境界面での電界強度が，完全導体での光の反射のように 0 と仮定する。電界 0 とは説明を簡単にするための仮

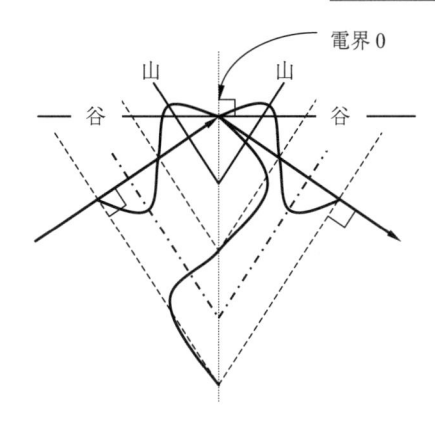

図 2.15 反射する光の波面

定であり，実際にはわずかな電界強度が存在する．この点については再度 3.3 節で解説する．

　反射点で電界が 0 のため，反射光は入射光に対して位相が π ずれる．図 2.15 に示すように，山側の電界強度で入射した光は反射して再び山側となる電界を形成する．反射点で境界面に垂直に立てた法線上では，両者を合成するとともに重なり合って電界の山となる．法線上では，境界面での電界 0 を基点としてこれら山と谷を繰り返し，下側の境界面まで達する．下側の境界でも同じく電界は 0 であるので，ちょうど図 2.15 を折り返した形となる波面と電界が形成される．したがって，上下の両境界で電界が 0 となる光のみが光導波路内で存在できる．

　上側と下側の両境界で電界が 0 となる光線の組の一例とその波面を**図 2.16** に示す．図（a）では上側境界で入射する光と下側境界で反射した光が合成する電界強度を示しており，図（b）では上下の入反射が図（a）とは逆となる光が合成する電界強度を示している．法線上では，ともに同じ電界強度分布を形成し，定常波の状態となる．このように伝搬方向とは垂直方向で定常波となる光の種類を**伝搬モード**（propagation mode），**横モード**（transverse mode），または単に「モード」という．

　図 2.16 のように，上下境界を除いて法線上で電界強度の節がないモードは，存在可能なモードのなかでは伝搬角度 θ が最も小さい．2.1.2 項での説明と同

28　2. 光線の伝搬

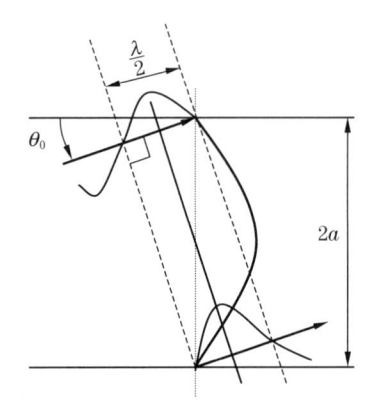

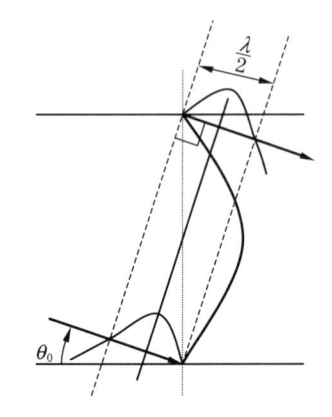

(a) 上側の入射光と下側の反射光　　(b) 下側の入射光と上側の反射光

図 2.16　入反射する光の合成（基本モード）

様，節のないモードを最低次モードまたは基本モードと呼ぶ。このモードの伝搬角度 θ_0 と波長には

$$2a \sin \theta_0 = \frac{\lambda}{2} \tag{2.15}$$

の関係がある。式 (2.3) を用いると，式 (2.15) は

$$\sin \theta_0 = \frac{\lambda_0}{4an_1} \tag{2.16}$$

となる。

　図 2.16 では電界強度が山となる法線上を図示したが，伝搬する長さ方向ではこの電界は山と谷を繰り返す波である。**図 2.17** は反射する光の波面と光導波路中心軸における電界強度を示す。長さ方向に進行する波の形が現れる。この波は光エネルギーが進む方向ではないので，その波長は $\lambda/\cos \theta_0$ と，真の波長より長い。

　図 2.16 とは別の伝搬モードの状態を**図 2.18** に示す。伝搬角度がより大きくなると法線上の電界強度に節が現れる。節が一つあるモードを 1 次モードと呼び，伝搬角度 θ_1 と波長とは

$$2a \sin \theta_1 = \lambda \tag{2.17}$$

(a) 伝搬する光の波面

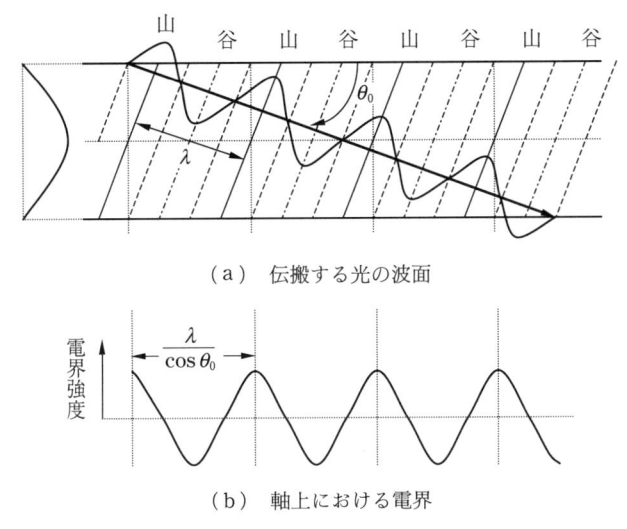

(b) 軸上における電界

図 2.17 光導波路中における光の波面と電界強度

(a) 上側の入射光と下側の反射光 (b) 下側の入射光と上側の反射光

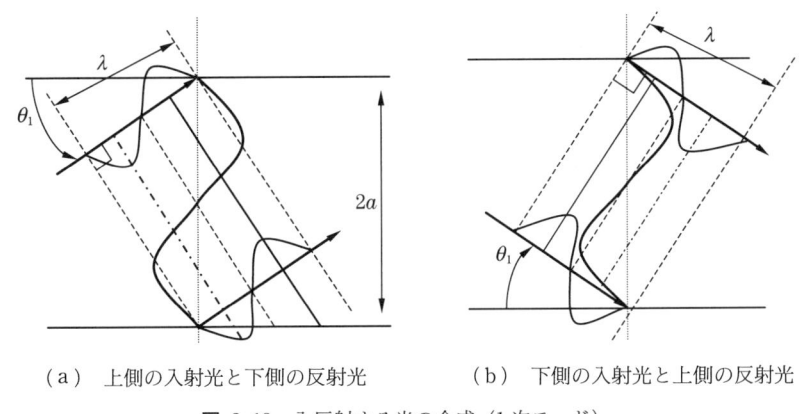

図 2.18 入反射する光の合成（1 次モード）

の関係にある．式 (2.16) と同様にして

$$\sin \theta_1 = \frac{\lambda_0}{2an_1} \tag{2.18}$$

となる．

一般に，光導波路内で伝搬する光の伝搬角度 θ_m は

$$\sin\theta_m = \frac{\lambda_0}{4an_1}(m+1) \tag{2.19}$$

の関係となり,決められた一定の値しかとることができない。ここで,m はモード次数を表すと同時に,伝搬軸とは垂直方向における電界強度の節の数を示す。

また,伝搬軸における見かけ上の波長は

$$\frac{\lambda}{\cos\theta_m} = \frac{\lambda_0}{n_1\cos\theta_m} \tag{2.20}$$

となる。

2.3　いくつかの特徴

2.3.1　伝搬可能なモード数とカットオフ波長

伝搬角度 θ_m が大きいほど高次のモードとなるが,図 **2.19** に示すように,光が光導波路内に閉じ込められるためには,θ_m はコア-クラッド境界での臨界角の余角 $(90°-\theta_c)$ より小さいはずである。すなわち

$$\theta_m < 90° - \theta_c$$

より,式 (2.19) を用いて

$$\sin\theta_m = \frac{\lambda_0}{4an_1}(m+1) < \sin(90°-\theta_c) = \cos\theta_c = \frac{1}{n_1}\sqrt{n_1^2 - n_2^2} \tag{2.21}$$

となり,さらに変形して

$$m+1 < \frac{4a}{\lambda_0}\sqrt{n_1^2 - n_2^2} = \frac{4a}{\lambda_0}\mathrm{NA} \tag{2.22}$$

となる。

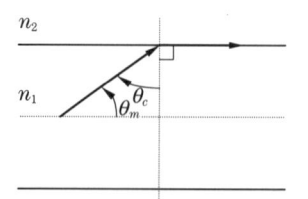

図 **2.19**　伝搬角度と臨界角

m 次モードが伝搬可能であるかぎり，m は必ず式 (2.22) を満足する。その様子を**図 2.20** に示す。例えば，$m=0$ の基本モードの場合には $1 < 4a\mathrm{NA}/\lambda_0$ が成り立つとき伝搬可能であり，$m=1$ の 1 次モードの場合には $2 < 4a\mathrm{NA}/\lambda_0$ が成り立つとき伝搬可能となる。逆に，M が伝搬する最高次モードの次数であるとすると，式 (2.22) の右辺は $M+1$ と $M+2$ との間の値となる。すなわち

$$M+1 < \frac{4a}{\lambda_0}\sqrt{n_1{}^2 - n_2{}^2} = \frac{4a}{\lambda_0}\mathrm{NA} < M+2 \tag{2.23}$$

である。このとき，伝搬可能なモード数は 0 次モードより数えるので $M+1$ 個である。

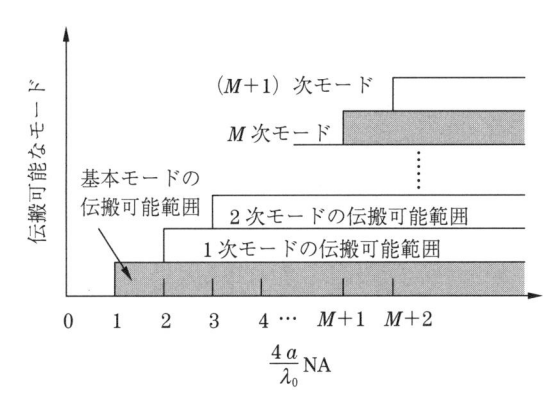

図 2.20 伝搬可能なモードの範囲

いま，伝搬可能なモードが基本モードのみであるとすると，式 (2.23) で $M=0$ として

$$1 < \frac{4a}{\lambda_0}\mathrm{NA} < 2 \tag{2.24}$$

を得る。右辺のみの関係は

$$\lambda_0 > 2a\sqrt{n_1{}^2 - n_2{}^2} = 2an_1\sqrt{2\varDelta} \equiv \lambda_c \tag{2.25}$$

となる。

式 (2.25) は，基本モードのみが伝搬可能となるための波長範囲を示しており，この境界となる波長 λ_c を**カットオフ波長**（cutoff wavelength）と呼ぶ。伝搬可能なモードと波長との関係を，**図 2.21** に示す。図 2.20 とは横軸の関係

32   2. 光線の伝搬

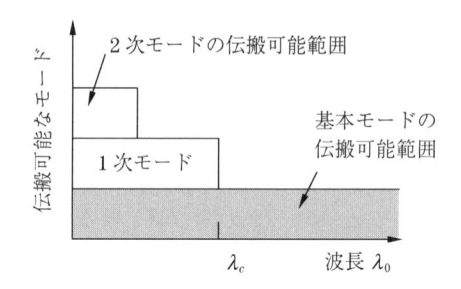

図 2.21 伝搬可能モードと波長との関係

が逆となる。カットオフ波長より長波長側では基本モードのみが伝搬するという意味で，**単一モード領域**ともいう。

カットオフ波長は，個々の光ファイバの特性を決定する重要な基本パラメータの一つである。

また，式 (2.24) の左辺の関係からは，基本モードにおける伝搬波長の上限を与える関係式が導き出される。この波長上限は，伝搬モードの関係式を光線近似により求めた結果得られたものであり，伝搬モードを波動方程式から求めると得ることができない。すなわち，波動方程式により伝搬モードの特性をより正確に導くと，基本モードの波長上限は現れない。

3.3 節で詳しく説明するが，基本モードはどのような波長でも伝搬可能である。

例 2.3 伝搬可能なモード数の計算

（1） $2a = 50\,\mu\text{m}$，$\text{NA} = 0.21$，および $\lambda_0 = 1.3\,\mu\text{m}$ 場合

$$\frac{4a}{\lambda_0}\text{NA} = \frac{2\times 50}{1.3}\times 0.21 = 16.2$$

より，伝搬可能なモード数は 16 個である。

（2） $2a = 62.5\,\mu\text{m}$，$\text{NA} = 0.29$，および $\lambda_0 = 1.3\,\mu\text{m}$ 場合

$$\frac{4a}{\lambda_0}\text{NA} = \frac{2\times 62.5}{1.3}\times 0.29 = 27.9$$

より，伝搬可能なモード数は 27 個である。

例 2.4 カットオフ波長の計算

（1） $2a = 9\,\mu\text{m}$，$\varDelta = 0.35\,\%$，および $n_1 = 1.45$ では

$$2an_1\sqrt{2\varDelta} = 9 \times 1.45\sqrt{2 \times 0.0035} = 1.09\,\mu\text{m}$$

（2） $2a = 7\,\mu\text{m}$，$\varDelta = 0.8\,\%$，および $n_1 = 1.45$ では

$$2an_1\sqrt{2\varDelta} = 7 \times 1.45\sqrt{2 \times 0.008} = 1.28\,\mu\text{m}$$

となる。

2.3.2　パルスの広がり

　多くのモードが伝搬する光導波路においては，モードにより伝搬角度が異なることを2.2.3項で示した。これはモードにより光の行路が異なることを意味する。この結果，通信伝送路として光導波路を利用する場合の大きな問題が生じる。それは，伝搬による信号光パルスの広がりである。

　図2.22に示すように，伝送路長 L の光導波路中に多くのモードが伝搬して光パルスを運ぶ場合を考える。基本モードは伝搬角度が最も小さいので，光導波路の端までの光行路の長さは最も短い。したがって，基本モードで運ばれる光パルスは端まで最も早く到達する。1次モードは基本モードのつぎに小さな角度で伝搬するため，1次モードで運ばれる光パルスはつぎに早く到達する。

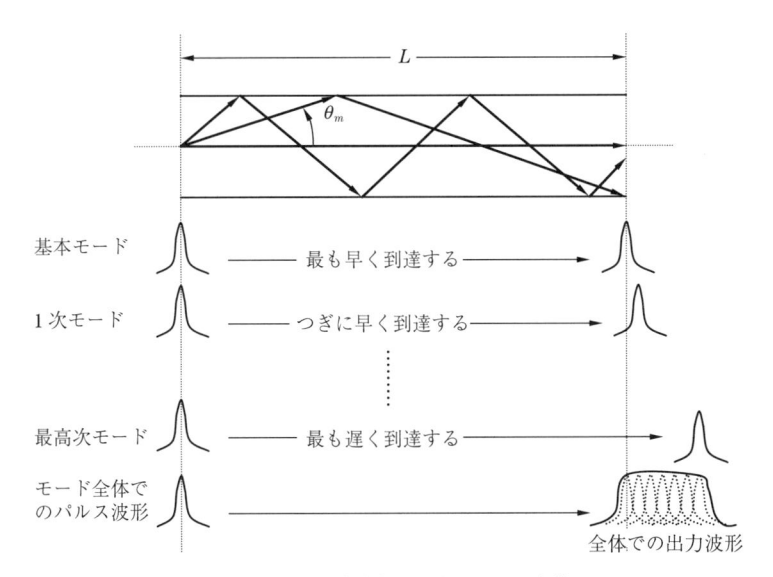

図 2.22　光導波路中での光パルスの伝搬

最も遅く到達する光パルスが，最高次モードによって運ばれる光パルスである。このように，光導波路の入口では同じ光パルスで同時刻に出発しても，運ばれるモードにより早い遅いの時間差が生じる。この結果，入口で入射された狭い光パルスが出口では広がった光パルスとして現れることとなる。

光パルスの広がりは，光パルスにより信号伝送を行う光通信システムにとって情報伝送速度の制限を与える。光パルスの広がりを抑えることは高速伝送を実現するための最も重要な課題である。

では，実際にはどの程度のパルスの広がりが生じるのかを求める。簡単のため，図 2.23 に示すように，最大の伝搬時間差を生じる基本モードと最高次モードのみを考え，さらに基本モードの伝搬角度を 0° とし，最高次モードの伝搬角度 θ_M はコア-クラッド境界での臨界角の余角 $(90°-\theta_c)$ とする。すなわち，式 (2.9) より

$$\cos\theta_M = \cos(90°-\theta_c) = \sin\theta_c = \frac{n_2}{n_1} \tag{2.26}$$

である。伝送路長を L としたとき，基本モードでの行路長は L であるのに対して最高次モードでのそれは $L/\cos\theta_M$ である。したがって，両モード間の伝搬時間差 $\varDelta t$ は

$$\varDelta t = \frac{n_1}{c}\left(\frac{L}{\cos\theta_M} - L\right) \cong \frac{n_1 L}{c}\varDelta \tag{2.27}$$

となる。伝搬時間差はコア-クラッド間の比屈折率差 $\varDelta$ に比例する。

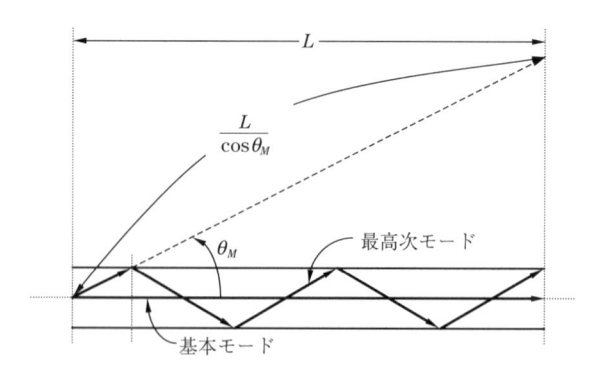

図 2.23　基本モードと最高次モードの伝搬時間差

例 2.5 伝搬時間差の計算

（1） $n_1 = 1.45$, $\Delta = 1.0\%$, および $L = 1$ km とすると
$$\Delta t = \frac{1.45 \times 10^3}{3 \times 10^8} \times 0.01 \cong 48 \times 10^{-9} = 48 \text{ ns/km}$$

（2） $n_1 = 1.45$, NA $= 0.29$, および $L = 1$ km とすると
$$\Delta t = \frac{L}{2cn_1}(\text{NA})^2 = \frac{10^3}{2 \times 3 \times 10^8 \times 1.45} \times 0.29^2 \cong 97 \times 10^{-9} = 97 \text{ ns/km}$$

となり, 光パルスの広がりは数十 ns/km のオーダとなる。

光パルスの広がり方を調べるために, 各モードの伝搬時間を詳しくみることにする。長さ L の光導波路を m 次モードが伝搬するとき, その伝搬時間 t_m は

$$t_m = \frac{n_1}{c} \frac{L}{\cos\theta_m} = \frac{n_1 L}{c} \left\{ 1 - \left(\frac{\lambda_0}{4an_1}\right)^2 (m+1)^2 \right\}^{-1/2}$$

$$\cong \frac{n_1 L}{c} \left\{ 1 + \frac{1}{2} \left(\frac{\lambda_0}{4an_1}\right)^2 (m+1)^2 \right\} \tag{2.28}$$

となる。ここで, 式 (2.21) における左側の関係を用い, また θ_m は十分小さいとして

$$(1+x)^{-1/2} \cong 1 - \frac{1}{2}x \quad (x \ll 1 \text{ のとき})$$

の近似式を用いた。図 2.23 での議論と同様, 最高次モードの行路は臨界角での反射を繰り返す最も長い距離となるものであると仮定すると, 式 (2.23) の関係

ひと口メモ

$(1+x)^a$ のべき級数展開

$|x| < 1$ のとき, 任意の a に対して
$$(1+x)^a = 1 + \frac{a}{1!}x + \frac{a(a-1)}{2!}x^2 + \frac{a(a-1)(a-2)}{3!}x^3 + \cdots$$
である。特に, $|x|$ が 1 より十分小さいときには 3 項目以下を無視して
$$(1+x)^a \cong 1 + ax \quad (|x| \ll 1 \text{ のとき})$$
と近似する。この式は, 定常状態から小さな変化 x が生じたときに現れる現象を理解するためによく利用される。

を用いて

$$t_m = \frac{n_1 L}{c}\left\{1 + \Delta\left(\frac{m+1}{M+1}\right)^2\right\} \tag{2.29}$$

が求められる。次数（$m+1$）の 2 乗に比例して，光パルスは遅延することを式（2.29）は示している。**図 2.24** には，モード次数の 2 乗に比例して遅延するときの出力光パルス波形を示す。低いモード次数のパルスは密集するが，高次になるほどその間隔が疎となる。各モードには同じ光パワーが運ばれるとすると，出力光パルスは急速に立ち上がり，ゆっくりと減衰する図（b）のような波形となる。

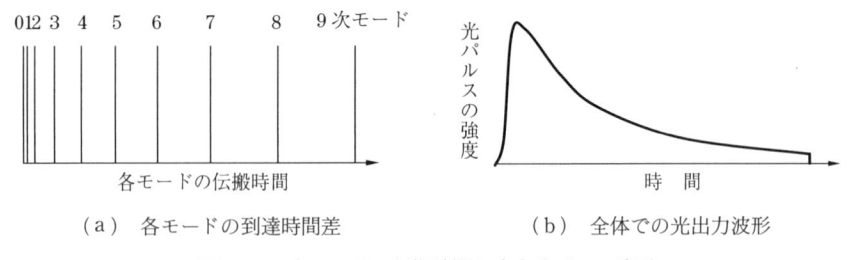

（a）各モードの到達時間差　　（b）全体での光出力波形

図 2.24　各モードの伝搬時間と出力光パルス波形

2.3.3　グレーデッド形屈折率分布

モード間の伝搬時間が異なることによって生じるパルスの広がりを抑えるために考え出されたものの一つが**グレーデッド形屈折率分布**（グレーデッドインデックス：graded index）である。これはコア部の屈折率分布を緩やかに（graded）変化させることによりモードごとの伝搬時間差を最小にするもので，その代表的な屈折率分布形状としてコア中心より距離の 2 乗で屈折率を下げる 2 乗分布形屈折率分布がある。これに対して 2.3.2 項までに説明した平面光導波路はコア部の屈折率が一定でクラッド境界で階段状に変化しているので，その屈折率形状を**ステップ形屈折率分布**（ステップインデックス：step index）という。本項では，2.3.2 項と同様に平面導波路をモデルとしてグレ

ーデッド形屈折率分布が伝搬時間差を抑制することを説明する。

（1） **コア内における光線の軌跡**　いま，図 2.25 のようにコア部の屈折率がコア中心からの距離の 2 乗で減少し，クラッド部に達する平面光導波路を考える。x 軸方向の屈折率は

$$n^2(x) = n_1^2 \left\{ 1 - 2\Delta \left(\frac{x}{a} \right)^2 \right\} \quad (|x| < a : コア部) \tag{2.30}$$

$$= n_1^2 (1 - 2\Delta) = n_2^2 \quad (|x| \geqq a : クラッド部) \tag{2.31}$$

と書き表せる。式 (2.31) は Δ の定義式である式 (2.13) と同じである。

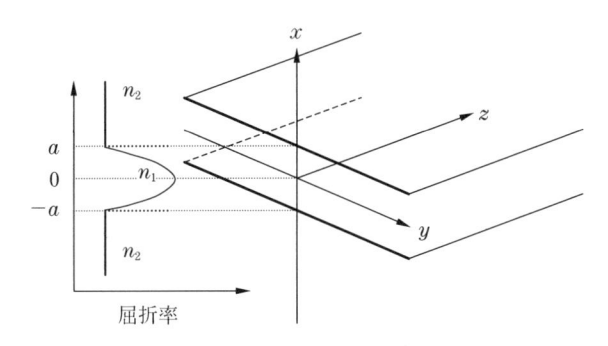

図 2.25　グレーデッドインデックス平面光導波路

このような場合，コア部をいくつかの層に分け，屈折率は段差の非常に小さい階段のように徐々に変化するものと考えることがわかりやすい。図 2.26 のような階段状屈折率をもつ媒質中を光が屈折して z 方向に進行するとき，各

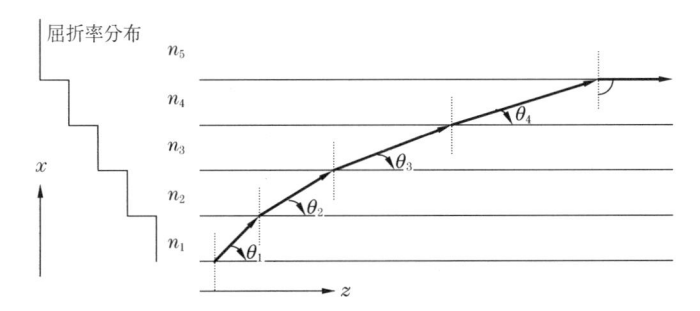

図 2.26　屈折率が階段状に変化するときの光線の軌跡

屈折率層 n_i における伝搬角度を θ_i とすると，スネルの法則により
$$n_1 \sin(90°-\theta_1) = n_2 \sin(90°-\theta_2) = \cdots = n_i \sin(90°-\theta_i) = 一定$$
となり，すなわち
$$n_1 \cos\theta_1 = n_2 \cos\theta_2 = \cdots = n_i \cos\theta_i = 一定 \tag{2.32}$$
となる。光線が屈折率階段のどの層にいてもその層の屈折率と伝搬角度の余弦の積はつねに一定であることを式 (2.32) は示している。そこで
$$\beta = k_0 n(x) \cos\theta(x) \tag{2.33}$$
を定義する。ここで
$$k_0 = \frac{2\pi}{\lambda_0} \tag{2.34}$$
とした。β は**伝搬定数**（propagation constant）といわれるものであり，3.1 節では波動解によってその意味を説明する。また，$n(x)$ と $\theta(x)$ は，光線の x 方向での位置により変化するが，β は x と z の位置に対して不変であり，光線の特性を決定づける。

いま，光線軌跡の微小部分 ds を考え，**図 2.27** に示すように，x 方向と z 方向に分解する。式 (2.33) を用いると
$$\frac{dz}{ds} = \cos\theta(x) = \frac{\beta}{k_0 n(x)} \tag{2.35}$$
が得られる。また
$$(ds)^2 = (dx)^2 + (dz)^2 \tag{2.36}$$
より
$$\left(\frac{dx}{dz}\right)^2 = \left(\frac{ds}{dz}\right)^2 - 1 = \left(\frac{k_0 n(x)}{\beta}\right)^2 - 1 \tag{2.37}$$

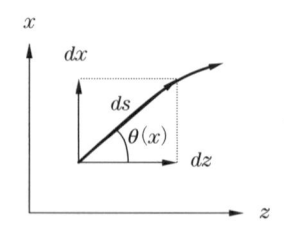

図 2.27　光線軌跡の微小部分

となる。式 (2.37) の両辺を再度 z で微分し式 (2.30) を用いてまとめると

$$\frac{d^2x(z)}{dz^2}+g^2x(z)=0 \tag{2.38}$$

という微分方程式に帰着する（章末問題【7】参照）。ここで

$$g=\frac{n_1\sqrt{2\varDelta}}{a}\frac{k_0}{\beta} \tag{2.39}$$

である。

式 (2.38) の一般解は，z 方向に振動する解となる。

$$x(z)=A\sin gz+B\cos gz \tag{2.40}$$

ここで，A および B は初期条件で決まる任意定数である。$A\sin gz$ が解のとき，$z=0$ で光線は $x=0$ 軸上にあり，軸上における光線の傾きすなわち伝搬角度を θ_1 とおくと

$$\tan\theta_1=\left.\frac{dx}{dz}\right|_{z=0}=Ag=A\frac{\sqrt{2\varDelta}}{a\cos\theta_1} \tag{2.41}$$

より

$$A=\frac{a\sin\theta_1}{\sqrt{2\varDelta}}\equiv x_{\max} \tag{2.42}$$

を得る。すなわち，振幅は $\sin\theta_1$ に比例する。図 2.28（a）に $A\sin gz$ が解である場合の光線の軌跡を示す。$x=0$ 軸上の傾きが大きいほどコア部を大きく蛇行する。

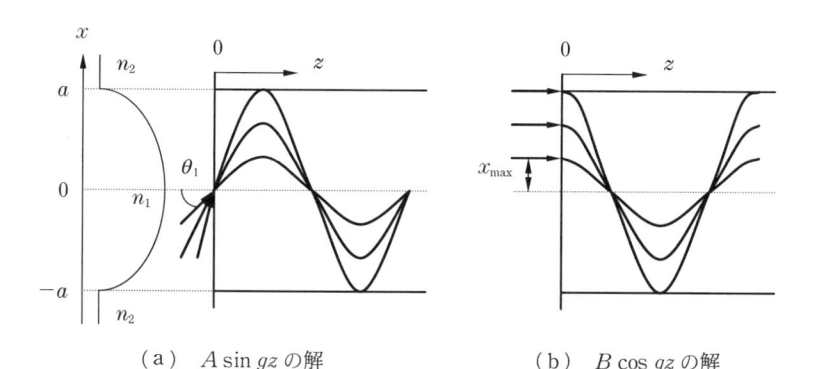

（a） $A\sin gz$ の解 （b） $B\cos gz$ の解

図 2.28　グレーデッドインデックス光導波路における光線の軌跡

一方，$B\cos gz$ が解である場合，$z=0$ で振幅 $x_{\max}=B$ となり，光線は $x=0$ 軸上を角度 $\pm\theta_1$ で横断する．すなわち，グレーデッドインデックス光導波路の場合，コア中心からずらして端面に垂直に光を入射することは，コア中心に斜めで入射することと同じである．また，最大振幅がコア幅以上になるとクラッド外に光は放射されることになるので，最大伝搬角度 $\theta_{\max}$ では $x_{\max}=a$ の条件により式 (2.42) を用いて

$$\sin\theta_{\max}=\sqrt{2\varDelta}=\frac{1}{n_1}\sqrt{n_1{}^2-n_2{}^2} \tag{2.43}$$

を得る．この関係は，コア屈折率が一定のステップインデックス光導波路での関係式 (2.21) と同じである．

蛇行の周期 z_p は，$A\sin gz$ 解と $B\cos gz$ 解ともに

$$z_p=\frac{2\pi}{g}=\frac{2\pi a}{n_1\sqrt{2\varDelta}}\frac{\beta}{k_0}=\frac{2\pi a\cos\theta_1}{\sqrt{2\varDelta}} \tag{2.44}$$

となる．$x=0$ 軸上での伝搬角度 θ_1 は一般に非常に小さいので

$$z_p\cong\frac{2\pi a}{\sqrt{2\varDelta}}\left(1-\frac{1}{2}\theta_1{}^2\right) \tag{2.45}$$

と近似できる．周期 z_p は，伝搬角度 θ_1 の値によりわずかに異なり，θ_1 が大きいほど短い．このわずかなずれが伝搬角度の差による伝搬時間差を生じる原因となる．

（2） **パルスの広がり**　　蛇行してコア内を伝搬する光の伝搬時間をつぎに求める．再び，図 2.27 に戻り，屈折率 $n(x)$ の微小区間 ds を伝搬するために要する微小時間 $d\tau$ を求めると，式 (2.1) より

$$d\tau=\frac{1}{c}n(x)\,ds \tag{2.46}$$

となる．さらに，$ds=dx/\sin\theta$ の関係と式 (2.35) を用いると

$$d\tau=\frac{n^2(x)\,dx}{c\sqrt{n^2(x)-(\beta/k_0)^2}} \tag{2.47}$$

を得る．式 (2.47) の右辺は x のみの関数となっており，x で積分することにより伝搬時間を求めることができる．

式 (2.47) はどのような β をもつ光に対しても成立するが，いま関心はパルスの広がりにあるので，最も伝搬時間が長い光と最も短い光との時間差を求めることにする。2.3.2項で述べたステップインデックス光導波路と同様，コア-クラッド境界にまで達する光が最も伝搬時間が長く，コア中心を真っすぐに進行する光が最も伝搬時間が短いと想定する。コア-クラッド境界にまで達する光が1周期 z_p を進行するのに必要な時間 $\tau_{\max}$ から伝送路長 L を伝搬するのに必要な時間 $t_{\max}$ を求める。境界にまで達する光では $\beta = k_0 n_2$ であるので，式 (2.47) より

$$\tau_{\max} = \frac{4}{c}\int_0^a \frac{n^2(x)}{\sqrt{n^2(x)-n_2^2}}dx \tag{2.48}$$

となり，さらに式 (2.30) および式 (2.44) を用いると

$$t_{\max} = \frac{\tau_{\max}}{z_p}L \tag{2.49}$$

$$= \frac{L}{2c}\left(\frac{n_1^2}{n_2}+n_2\right) \tag{2.50}$$

が得られる（章末問題【8】参照）。コア中心を通る光の伝搬時間 $t_{\min}$ と $t_{\max}$ との差 Δt は

$$\Delta t = t_{\max} - t_{\min} = \frac{L}{2c}\left(\frac{n_1^2}{n_2}+n_2\right) - \frac{Ln_1}{c} \cong \frac{n_1 L}{2c}\Delta^2 \tag{2.51}$$

となる。伝搬時間差はコア-クラッド間の比屈折率差 Δ の2乗に比例する。ステップインデックス光導波路の場合，式 (2.27) のように最大伝搬時間差は Δ に比例することと比べて $\Delta/2$ 倍，時間差が短縮される。

例 2.6　伝搬時間差の計算

（1）$n_1 = 1.45$，$\Delta = 1.0\%$，および $L = 1\,\mathrm{km}$ とすると

$$\Delta t = \frac{1.45\times 10^3}{2\times 3\times 10^8}\times 0.01^2 \cong 0.24\times 10^{-9} = 0.24\,\mathrm{ns/km}$$

（2）$n_1 = 1.45$，$\mathrm{NA} = 0.29$，および $L = 1\,\mathrm{km}$ とすると

$$\Delta t = \frac{L}{8cn_1^3}(\mathrm{NA})^4 = \frac{10^3}{8\times 3\times 10^8\times 1.45^3}\times 0.29^4$$

$$\cong 0.97\times 10^{-9} = 0.97\,\mathrm{ns/km}$$

となり，光パルスの広がりは 0.1～1 ns/km のオーダとなる。

伝搬時間差が短縮される理由について考える．図 2.29 に示すように，コア中心近傍のみを伝搬する光では，伝搬する行路長は短いが，屈折率がコア周辺より高いため速度は遅くなり，行路長の短い分が相殺される．一方，クラッド境界近傍まで大きく蛇行する光に対しては，蛇行により行路長は長いが屈折率の低い行路が多いため速度が速くなりこれも相殺される．したがって，伝搬時間としてはほぼ同程度となる．

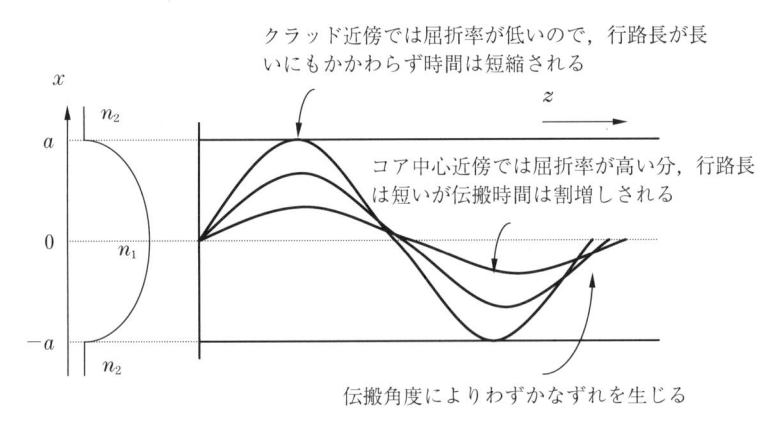

図 2.29　グレーデッドインデックスが伝搬時間差を抑制することの説明

2.3.4　曲がりによる光損失

光ファイバのように媒質の屈折率変化のみで光を閉じ込める光導波路では，光導波路が曲げられると光損失が発生する．すなわち，曲げられることにより導波している光の一部が光導波路の外へ放射される．このことは光導波路の取扱い上の制限を与える．例えば，光ファイバケーブルを布設する場合，ケーブルを半径 10 cm 以下の曲率で曲げて固定してはいけないとされている．

どのような原因で光損失が発生するのか，原因の一つを考える．簡単のため，いま，再びコア屈折率が一定のステップインデックス光導波路を考える．直線状にある光導波路の一部を曲げると，光導波路内を伝搬する光の軌跡は図

2.30 に示すように変化する．曲がり部の外側ではコア-クラッド境界での法線に対する光の入射角度が狭くなり，直線部から曲がり部に光が進行すると，伝搬角度の比較的大きい光は光導波路の外側に放射される．また，放射されずに曲げられた光導波路内を導波する光においては，直線部での伝搬角度 θ より曲線部での角度 θ' は大きくなる．等価的には，より高次のモードへと変換されたことになる．

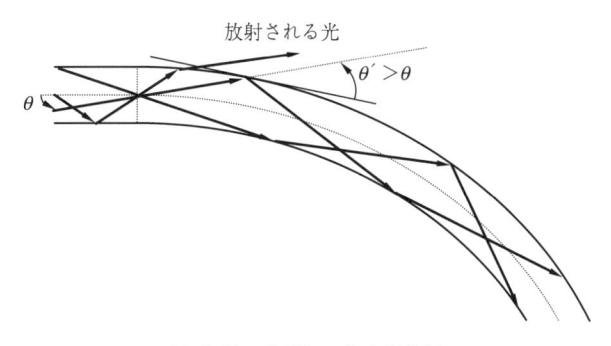

図 2.30 曲がりによる光放射

光損失が発生する曲がり半径を求めるために，図 2.31 のようなモデルを考える．光導波路の中心軸上に伝搬角度 0°の光が伝搬しており，曲がり部に突入するとする．中心軸に対する曲がり半径を R とすると，この光が曲がり部

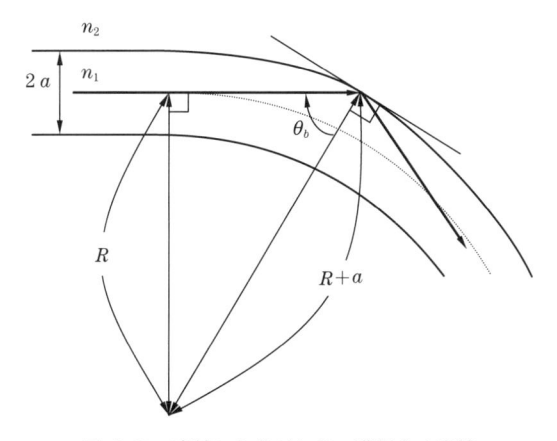

図 2.31 直線から曲がり部に進行する光線

の外側のコア-クラッド境界で全反射するためには，スネルの法則より

$$\sin\theta_b = \frac{R}{R+a} \cong 1 - \frac{a}{R} > \frac{n_2}{n_1} \tag{2.52}$$

の関係がなくてはならない。ここで，θ_b は反射点での法線に対する入射角度，a はコア半幅であり，$a \ll R$ とした。式（2.52）より

$$\frac{a}{R} < \Delta \quad \text{または} \quad R > \frac{a}{\Delta} \tag{2.53}$$

が得られる。例えば，$a = 25\,\mu\text{m}$，$\Delta = 1.0\,\%$ の場合，R は 2.5 mm 以上でなくてはならない。

式（2.53）は伝搬角度 0°の光，すなわち基本モードが放射されない条件である。逆にいえば，R が a/Δ より小さいとすべての光が放射されることとなる。では，より緩やかな曲がりではどうなるのであろうか。

光導波路が曲げられた場合，その外側のコア-クラッド境界では比屈折率差 Δ は等価的に a/R 分差し引かれた値となる。詳しくは 3.3.3 項で説明する。すなわち

$$\Delta \to \Delta - \frac{a}{R} \tag{2.54}$$

という変換で近似的に取り扱うことができる。この式を式（2.23）に代入して，曲がり部における伝搬可能なモード数 m_b+1 を求めると

$$\frac{m_b+1}{M+1} = \sqrt{1 - \frac{a}{R\Delta}} \tag{2.55}$$

を得る。ここで，$M+1$ は，直線部における伝搬可能なモード数であり，式（2.55）はモード数の比を与える。各モードに同じ光パワーが運ばれるとすると，曲がり部での損失は次式で与えられる。

$$10\log_{10}\left(\frac{m_b+1}{M+1}\right) = 5\log_{10}\left(1 - \frac{a}{R\Delta}\right) \tag{2.56}$$

式（2.56）は，直線部から曲がり部に移行する箇所で発生する光損失を与えるものであることに注意すべきである。本項で述べた光線によるモデルでは，曲がり部への変換部を無事通過した光は，一様に曲げられた光導波路内を伝搬する間，損失を受けない。しかしながら，実際には，この一様に曲げられた部

分においても光損失は発生する。この光損失が発生する機構については，3.3 節で説明する。

例 2.7 直線-曲がり変換部における光損失の計算

（1） $a = 25\,\mu\mathrm{m}$，$\Delta = 1.0\,\%$ の光導波路のおける $R = 1\,\mathrm{cm}$ での損失は

$$5\log_{10}\left(1 - \frac{25}{10\,000 \times 0.01}\right) = 0.62\,\mathrm{dB}$$

（2） $a = 25\,\mu\mathrm{m}$，$\Delta = 1.0\,\%$ の光導波路のおける $R = 10\,\mathrm{cm}$ での損失は

$$5\log_{10}\left(1 - \frac{25}{100\,000 \times 0.01}\right) = 0.005\,\mathrm{dB}$$

となる。半径 10 cm 以上の曲がりでは光損失は無視できることが理解される。

章 末 問 題

【1】 つぎの物質が接するときの臨界角を求めよ。
　（1） ダイヤモンドと空気
　（2） 石英ガラスと水
　（3） わずかに屈折率の異なるガラス　$n_2 = 1.45$，$(n_2 - n_1)/n_2 = 1\,\%$ のとき
　（4） わずかに屈折率の異なるガラス　$n_2 = 1.45$，$(n_2 - n_1)/n_2 = 2\,\%$ のとき

【2】 NA に関するつぎの問いに答えよ。
　（1） $n_1 = 1.45$，NA $= 0.29$ をもつ光ファイバにおけるコア-クラッド間の比屈折率差 Δ を求めよ。
　（2） 屈折率 1.45 のガラス棒が屈折率 1.33 の水中にあるときの NA を求めよ。
　（3） 屈折率 1.45 のガラス棒が空中に浮いているときの NA を求めよ。

【3】 平面光導波路の 2 次モードに関するつぎの問いに答えよ。
　（1） 図 2.16 および図 2.18 を参考にして，コア-クラッド境界で入反射する光の合成波面と電界強度分布を図示せよ。
　（2） 伝搬角度 θ_2 の正弦を求めよ。

【4】 コア幅 $2a = 9\,\mu\mathrm{m}$，NA $= 0.12$ の平面光導波路の伝搬モードについて，光線近似により解を求めることとして，つぎの問いに答えよ。
　（1） つぎの空気中波長 λ_0 における，伝搬可能なモード数を求めよ。

① $\lambda_0 = 1.55\,\mu\mathrm{m}$, ② $\lambda_0 = 0.63\,\mu\mathrm{m}$

（2）単一のモードのみが伝搬する波長範囲を求めよ。

【5】 光線近似を用いると，基本モードと最高次モード間の伝搬時間差はコア幅に依存しない。図2.23を用いてその理由を説明せよ。

【6】 $n_1 = 1.45$，$\mathrm{NA} = 0.21$ のステップインデックス平面光導波路おける伝搬時間についてつぎの問いに答えよ。

（1）基本モードと最高次モードとの伝搬時間差を ns/km 単位で求めよ。

（2）モード次数で基本モードと最高次モードとのちょうど中間にあるモードは，基本モードからどの程度遅れるのか，ns/km 単位で求めよ。

【7】 式 (2.37) より式 (2.38) を求めよ。

【8】 式 (2.48) より式 (2.50) を求めよ。

【9】 つぎの定数をもつグレーデッドインデックス平面光導波路において，伝搬する光の間で生じる最大伝搬時間差を ns/km の単位で求めよ。

（1）$n_1 = 1.45$，$\mathrm{NA} = 0.21$

（2）$n_1 = 1.45$，$\varDelta = 2.0\,\%$

【10】 直線-曲がり変換部で生じる光損失に関するつぎの問いに，光線近似による解法で求めよ。

（1）$2a = 9\,\mu\mathrm{m}$，$\varDelta = 0.35\,\%$ のステップインデックス平面光導波路の基本モードが伝搬できなくなる曲率半径を求めよ。

（2）$2a = 62.5\,\mu\mathrm{m}$，$n_1 = 1.45$，$\mathrm{NA} = 0.29$ のステップインデックス平面光導波路における損失を求めよ。

① $R = 1\,\mathrm{cm}$ の場合，② $R = 10\,\mathrm{cm}$ の場合

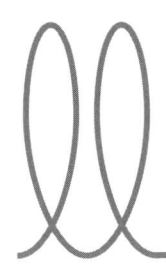

3. 光波の伝搬

　光の波としての性質を決定づけたのは，マクスウェル（Maxwell）の電磁波説である。19世紀後半，マクスウェルは電磁波の存在を予言し，光は波長の短い電磁波であることを唱えた。また，電磁場を記述する一般的な法則を見いだした。マクスウェルの電磁方程式である。光導波路における光の振る舞いは，このマクスウェルの電磁方程式により正確に把握することができる。

　本章では，電磁方程式により得られる光導波路中での光波の振る舞いについて述べる。2章に引き続き平面光導波路を取り上げ，幾何光学により得られた結果と比較することにより，光が波であることによって生じる特徴的な性質を解説する。

3.1 光波の性質

3.1.1 マクスウェルの電磁方程式

マクスウェルの方程式は，電界 $\boldsymbol{E}$，磁界 $\boldsymbol{H}$，電束密度 $\boldsymbol{D}$，磁束密度 $\boldsymbol{B}$，電流密度 $\boldsymbol{J}$，および電荷密度 ρ を関係づける以下の四つの式から構成される。

$$\nabla \times \boldsymbol{E} = -\frac{\partial \boldsymbol{B}}{\partial t} \tag{3.1}$$

$$\nabla \times \boldsymbol{H} = \boldsymbol{J} + \frac{\partial \boldsymbol{D}}{\partial t} \tag{3.2}$$

$$\nabla \cdot \boldsymbol{D} = \rho \tag{3.3}$$

$$\nabla \cdot \boldsymbol{B} = 0 \tag{3.4}$$

　式（3.1）は**ファラデー**（Faraday）**の法則**（電磁誘導）といわれ，「磁束密度が時間的に変化するとき，それを打ち消す方向に起電力が発生する」ことを意

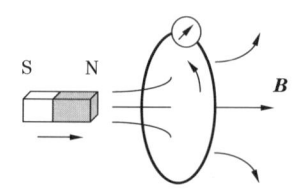

図 3.1 電磁誘導

味する。例えば，図 3.1 に示すように，閉じた回路の近傍で磁石を動かすと，磁束が増えることを妨げるように閉回路には電流が流れる。

式 (3.2) は**アンペール（Ampère）の法則**（電流の磁気作用）といわれ，「電流が流れると電流の流れる方向を進む方向として右ねじ回りに周回する磁場が形成される」ことと，さらにこの内容を一般化して「電束密度の時間変化は電流と等価である」ことを意味する。式 (3.2) の右辺の J 項が上記「　」の前半部分であり，図 3.2（a）に示すように，これは電流が流れると右ねじ回りに磁界が発生することである。$\partial D/\partial t$ 項が後半部分であり，図 (b) に示すように，これは，電束密度が時間的に増加することはコンデンサのプラス側電極に電流が流れることと同じであることを示している。

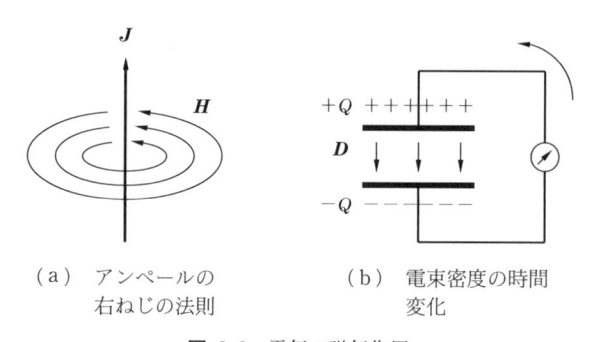

（a）アンペールの右ねじの法則　　（b）電束密度の時間変化

図 3.2 電気の磁気作用

式 (3.3) は**電気に関するガウス（Gauss）の定理**といわれ，「閉じた曲面を垂直に貫く電束密度の総和は内部にある電荷に等しい」ということである。図 3.3 のような閉曲面をつくると，閉曲面を貫く電束密度を面積積分することにより内部にある電荷量が求まる。式 (3.4) は**磁気に関するガウスの定理**とい

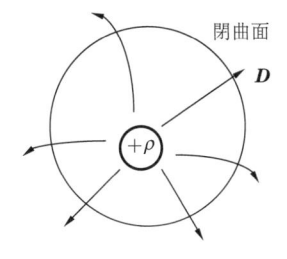

図 3.3 閉曲面内の電束と電荷

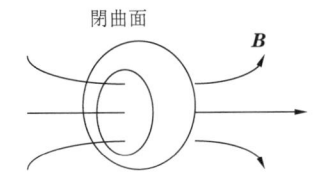

図 3.4 閉曲面内の磁束

われ，「任意の閉曲面で磁束を囲んだ場合，曲面を垂直に貫く磁束の総和は 0 である」ということである．図 3.4 のような閉曲面で空間を囲んだとき閉曲面での磁束の出入りの総和は 0 となる．このことは，プラスの磁荷とマイナスの磁荷は単独では存在しないことを意味する．

3.1.2 誘電体媒質中での光の伝搬

ガラスやプラスチックのように光を通す媒体には**誘電体**（dielectrics）が多い．誘電体は一般に絶縁体であり，自由電子をもたない点で金属や半導体などの導体と異なる．では自由電子をもたない物体はどのような性質をもつのであろうか．

図 3.5 のように，電圧を加えたコンデンサの電極間に物体 A を挿入すると，コンデンサの電極間で発生する電界により物体 A の両端に電荷が現れ，＋の電極側には－の電荷が，－の電極側には＋の電荷が帯電する．図 3.6 のように，この状態で A を真ん中で切断したとする．A が**導体**（conductors）であると，＋の電極側には－の電荷のみ，－の電極側には＋の電荷のみが各断片に残

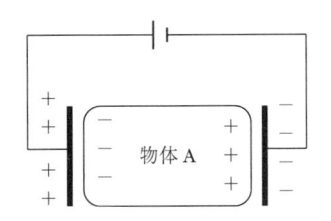

図 3.5 電界による物体の帯電

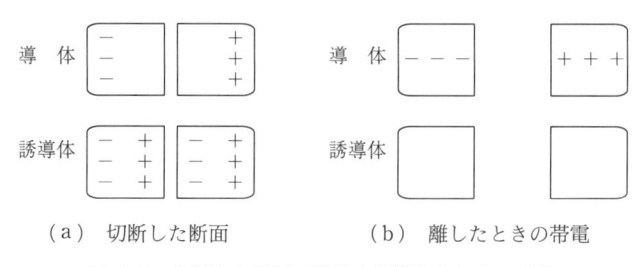

(a) 切断した断面　　　（b）離したときの帯電

図 3.6 分極した状態で物体を切断したときの状態

り，それぞれを遠くに離しても電荷はそのまま残る。自由電子は自由に導体内を移動するため，自由電子を引き付けたまま隔離すればそのまま残留される。

一方，誘電体の場合，図（a）に示すように，切断した断面に電極側の端にある電荷とは逆の電荷が現れ，そのまま遠くに離すと，図（b）に示すようにそれぞれの断片は中性となる。これは，誘電体は自由電子をもたず，内部の電子は原子にしっかりと固定されているためである。外部の電界による電気力を受けると，電子は原子のなかでわずかに変位する。この変位により原子間に電界が発生し，誘電体内で積み重ねると両端での帯電という形で現れる。電子は原子に捕捉されたままであるため，外部電界がなくなると電子はもとの位置に戻り変位による電界は消滅する。

電子が原子内で変位することにより原子間には外部電界と同方向の電界が発生する。この様子を**図 3.7**に示す。この電界を**誘電分極**（dielectric polarization）といい，Pで表す。ガラスのような均一な誘電体では方向による電気的特性の変化はないので，Pは電界Eと方向と向きが同じである。すなわち，

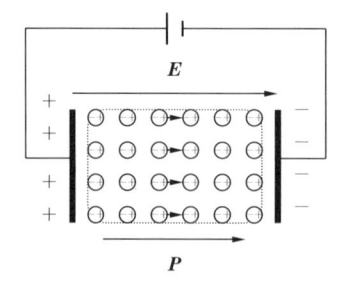

図 3.7 電界と誘電分極

3.1 光波の性質

誘電分極により電界が強化されたことになる。この場合，誘電体中での電束密度を式 (3.5) で表す。

$$D = \varepsilon_0 E + P = \varepsilon_r \varepsilon_0 E \tag{3.5}$$

ここで，$\varepsilon_0 = 8.854 \times 10^{-12}$ F/m は真空中の**誘電率**（dielectric constant）であり，ε_r を**比誘電率**という。

つぎに均一な誘電体中を光が伝搬する場合を考える。先に述べたように自由電子は存在しないため，誘電体中では電荷はなく電流は流れない。したがって，式 (3.1)～(3.4) において

$$J = 0 \tag{3.6}$$

$$\rho = 0 \tag{3.7}$$

$$B = \mu_0 H \tag{3.8}$$

とおける。ここで，$\mu_0 = 4\pi \times 10^{-7} = 1.257 \times 10^{-6}$ H/m は**真空中の透磁率**（magnetic permeability）である。式 (3.6)～(3.8) より式 (3.1)～(3.4) は

$$\nabla \times E = -\mu_0 \frac{\partial H}{\partial t} \tag{3.9}$$

$$\nabla \times H = \varepsilon_r \varepsilon_0 \frac{\partial E}{\partial t} \tag{3.10}$$

$$\nabla \cdot E = 0 \tag{3.11}$$

$$\nabla \cdot H = 0 \tag{3.12}$$

となる。念のため，式 (3.9) と式 (3.10) を x，y，および z 方向の 3 成分 $E(E_x, E_y, E_z)$ と $H(H_x, H_y, H_z)$ に分解して書き表すと，**表 3.1** となる。

さらに，簡単のため，図 3.8 に示すように，z 方向に進む光を考えその電界

表 3.1 マクスウェル方程式の x，y，および z 方向成分

座標	式 (3.9)		式 (3.10)	
x	$\dfrac{\partial E_z}{\partial y} - \dfrac{\partial E_y}{\partial z} = -\mu_0 \dfrac{\partial H_x}{\partial t}$	(3.13)	$\dfrac{\partial H_z}{\partial y} - \dfrac{\partial H_y}{\partial z} = \varepsilon_r \varepsilon_0 \dfrac{\partial E_x}{\partial t}$	(3.16)
y	$\dfrac{\partial E_x}{\partial z} - \dfrac{\partial E_z}{\partial x} = -\mu_0 \dfrac{\partial H_y}{\partial t}$	(3.14)	$\dfrac{\partial H_x}{\partial z} - \dfrac{\partial H_z}{\partial x} = \varepsilon_r \varepsilon_0 \dfrac{\partial E_y}{\partial t}$	(3.17)
z	$\dfrac{\partial E_y}{\partial x} - \dfrac{\partial E_x}{\partial y} = -\mu_0 \dfrac{\partial H_z}{\partial t}$	(3.15)	$\dfrac{\partial H_y}{\partial x} - \dfrac{\partial H_x}{\partial y} = \varepsilon_r \varepsilon_0 \dfrac{\partial E_z}{\partial t}$	(3.18)

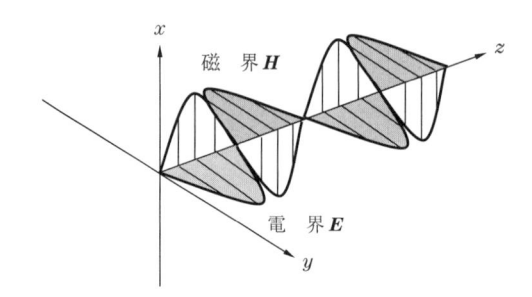

図 3.8 電磁界の伝搬

成分を y 方向のみ，すなわち $\boldsymbol{E}(0, E_y, 0)$ とおくと，電磁界の直交性より磁界は x 方向成分のみであり $\boldsymbol{H}(H_x, 0, 0)$ となる．式 (3.13)，(3.17) は

$$-\frac{\partial E_y}{\partial z} = -\mu_0 \frac{\partial H_x}{\partial t}, \text{ および } \frac{\partial H_x}{\partial z} = \varepsilon_r \varepsilon_0 \frac{\partial E_y}{\partial t} \tag{3.19}$$

となり，代入して E_y のみの式とすると次式となる．

$$\frac{\partial^2 E_y}{\partial z^2} - \varepsilon_r \varepsilon_0 \mu_0 \frac{\partial^2 E_y}{\partial t^2} = 0 \tag{3.20}$$

式 (3.20) は，波の振る舞いを決める波動方程式であり，その解は

$$E_y = A \exp[j(\omega t - kz)] + B \exp[j(\omega t + kz)] \tag{3.21}$$

である．ここで，A および B は任意定数であり，また

$$k^2 = \omega^2 \varepsilon_r \varepsilon_0 \mu_0, \text{ すなわち } k = \omega\sqrt{\varepsilon_r \varepsilon_0 \mu_0} \tag{3.22}$$

である．式 (3.21) の A 項を注目する．いま，時刻 t_0 で z_0 にある波の位相が，図 3.9（a）に示すように，t_0 から δt 経た時刻 $(t_0+\delta t)$ には $(z_0+\delta z)$ に移動したとする．このときの位相は δt 前とは等しいので

$$\omega(t_0+\delta t) - k(z_0+\delta z) = \omega t_0 - k z_0$$

となり，その結果，次式を得る．

$$\frac{\delta z}{\delta t} = \frac{\omega}{k} \tag{3.23}$$

式 (3.23) は $+z$ 方向に進む波の速度，正確には波の同位相点の速度 v_p を表し，式 (3.21) の B 項は図（b）のように $-z$ 方向に進む波を表す．

3.1 光波の性質

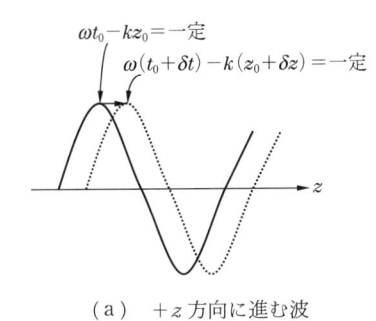

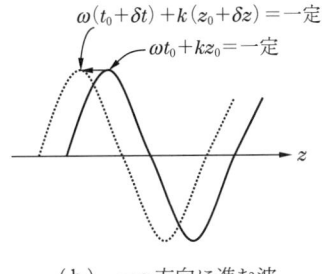

(a) $+z$ 方向に進む波

(b) $-z$ 方向に進む波

図 3.9 進行する波

光が真空中を進む場合，$\varepsilon_r = 1$ であるので式 (3.23) は

$$v_p = \frac{\omega}{k_0} = \frac{1}{\sqrt{\varepsilon_0 \mu_0}} \equiv c \quad (= 2.998 \times 10^8 \text{ m/s}) \tag{3.24}$$

となり，真空中での光の速度を与える．また，誘電体中における光の速度は

$$v_p = \frac{\omega}{k} = \frac{c}{\sqrt{\varepsilon_r}} \tag{3.25}$$

となり，屈折率の定義式である式 (2.1) より次式を得る．

$$n = \sqrt{\varepsilon_r} \tag{3.26}$$

再び，式 (3.21) の A 項に戻り，時刻 t_0 で z_0 にある波の位相と 2π 離れて同位相にある点を考える．図 3.10 に示すように，この点はちょうど 1 波長分 $+z$ 方向に進めた点でもあるので

$$\omega t_0 - (kz_0 + 2\pi) = \omega t_0 - k(z_0 + \lambda) \tag{3.27}$$

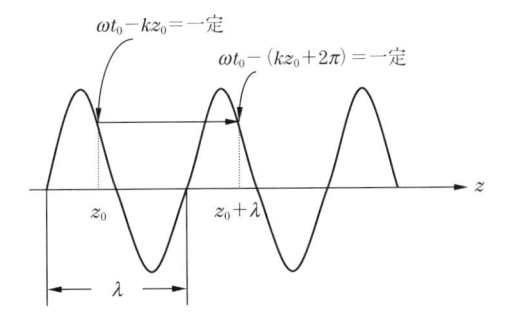

図 3.10 波の位相と波長

となり，次式を得る．

$$k = \frac{2\pi}{\lambda} \tag{3.28}$$

式（3.28）で定義される k を**波数**（wave number）という．真空中での波数を k_0 とおき，2章の式（2.34）で定義すると，式（3.25），（3.26）より

$$k = nk_0 \tag{3.29}$$

と書き表せる．式（3.29）の関係から，k は屈折率 n の均一な誘電体中を伝搬する光の**伝搬定数**（propagation constant）ともいえる．

3.2　導波路内での光波の伝搬

2.2節では，光線の軌跡を描いて光導波路内での光の伝搬について説明した．また，光の波という性質を取り入れることにより，導波路内では光はモードという形で伝搬することも解説した．本節では，光導波路におけるマクスウェル方程式の解がモードを形成することを示す．

3.2.1　電磁界分布と固有値方程式

2.2節と同様，**図3.11**のような y 方向に無限に延びた平面光導波路を考え，光は z 方向に進むとする．電磁界は x 方向での位置により異なる屈折率の影響を受ける．すなわち

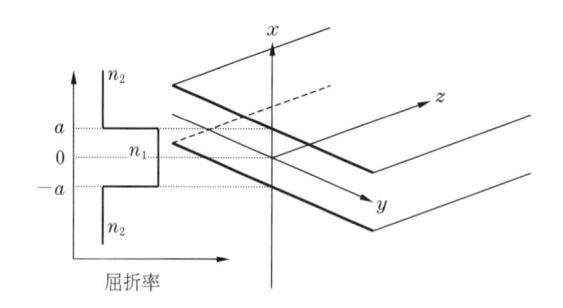

図 3.11　平面光導波路の構造

$$\varepsilon_r = n_1{}^2 \quad (コア内, すなわち |x| \leq a のとき)$$
$$= n_2{}^2 \quad (クラッド内, すなわち x < -a または x > +a のとき)$$
$$(3.30)$$

である。このため，式 (3.20) の波動方程式では x の位置により解は異なるはずであるが，コアとクラッドは自由電子のない誘電体で形成されるため，そのなかでは電磁界は連続する。連続した電磁界が同じ z 方向に進むかぎり，x 方向に貫く光波の位相も連続する。

　図 3.12 には，x 方向に連続して同じ位相をもつ光波が伝搬する様子を示す。コアとクラッドの電磁界は z 方向に同じ速度で伝搬する。そこで，z 方向における波長 λ_z から伝搬定数 β を定義して

$$\beta = \frac{2\pi}{\lambda_z} \tag{3.31}$$

とおき，波動方程式の解の式 (3.21) と同様にして電界と磁界から時間成分と z 成分を分離する。すなわち

$$\left. \begin{array}{l} \boldsymbol{E}(t, x, y, z) \\ \boldsymbol{H}(t, x, y, z) \end{array} \right\} = \left. \begin{array}{l} \boldsymbol{E}(x, y) \\ \boldsymbol{H}(x, y) \end{array} \right\} \times \exp[j(\omega t - \beta z)] \tag{3.32}$$

とおく。電界 $\boldsymbol{E}$ と磁界 $\boldsymbol{H}$ は，x と y のみの関数となる。さらに，図 3.11 に示すように，y 方向に無限に延びる光導波路の z 方向を光は進むことを想定しているので，電磁界における y 方向の変化は無視できる。したがって，結局，電界 $\boldsymbol{E}$ と磁界 $\boldsymbol{H}$ は，x のみの関数となる。

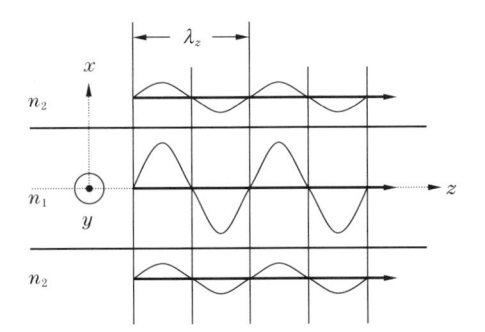

図 3.12 光導波路近傍での光波の伝搬

以上から，誘電体中におけるマクスウェルの方程式 (3.9)～(3.12) では

$$\frac{\partial}{\partial t} \to j\omega, \quad \frac{\partial}{\partial z} \to -j\beta, \quad \text{および} \quad \frac{\partial}{\partial y} \to 0 \tag{3.33}$$

とおいて簡単化することができる。式 (3.33) を表 3.1 に代入すると，**表 3.2**

表 3.2 平面光導波路におけるマクスウェル方程式

座標	式 (3.9)		式 (3.10)	
x	$j\beta E_y = -j\omega\mu_0 H_x$	(3.34)	$j\beta H_y = j\omega\varepsilon_0 n_i^2 E_x$	(3.37)
y	$-j\beta E_x - \frac{\partial E_z}{\partial x} = -j\beta\mu_0 H_y$	(3.35)	$-j\beta H_x - \frac{\partial H_z}{\partial x} = j\omega\varepsilon_0 n_i^2 E_y$	(3.38)
z	$\frac{\partial E_y}{\partial x} = -j\omega\mu_0 H_z$	(3.36)	$\frac{\partial H_y}{\partial x} = j\omega\varepsilon_0 n_i^2 E_z$	(3.39)

(ここで，$i=1, 2$)

ひと口メモ

2階微分方程式の解

$\frac{\partial^2 E}{\partial x} + a^2 E = 0, \ a > 0$ の解は

$\quad E = A \sin ax + B \cos ax,$ または $E = Ae^{jax} + Be^{-jax}$

である。

図 3.13 のように，A 項，B 項ともに x 方向に振動する解となる。

$\frac{\partial^2 E}{\partial x} - a^2 E = 0, \ a > 0$ の解は

$\quad E = Ae^{ax} + Be^{-ax}$

である。

図 3.14 のように，A 項は x 方向に無限大に発散し，$-x$ 方向には減衰する解であり，B 項は x 方向に減衰し，$-x$ 方向に無限大に発散する解である。

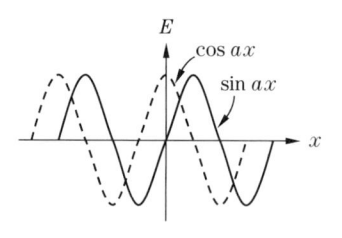

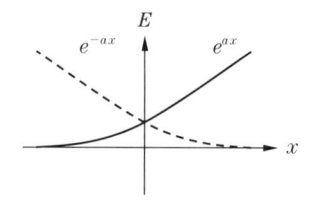

図 3.13 $\frac{\partial^2 E}{\partial x} + a^2 E = 0$ の解 図 3.14 $\frac{\partial^2 E}{\partial x} - a^2 E = 0$ の解

の平面光導波路におけるマクスウェル方程式を得る。

式 (3.34)～(3.39) では，E_y，H_x，H_z 間のみの関係式である式 (3.34)，(3.36)，(3.38) と，E_x，E_z，H_y 間のみの関係式である式 (3.35)，(3.37)，(3.39)（表 3.2 中の灰色部分の式）に分離でき，それぞれが独立した方程式群になっている。すなわち，それらはたがいに独立した解をもつ。各方程式群の解をその電磁界分布での特徴から，それぞれ **TE モード** (transverse electric modes)：$E(0, E_y, 0)$ と $H(H_x, 0, H_z)$，および **TM モード** (transverse magnetic modes)：$E(E_x, 0, E_z)$ と $H(0, H_y, 0)$ と呼ぶ。TE モードは光導波路の横方向 (transverse) にのみ電界 E_y をもつモードで，TM モードは横方向にのみ磁界 H_y をもつモードである。

つぎに，TE モードに着目し，その電磁界分布を求めることとする。式 (3.38) に式 (3.34) および式 (3.36) を代入して，H_x と H_y を消去すると

$$\frac{\partial^2 E_y}{\partial x^2} + (k_0^2 n_i^2 - \beta^2)E_y = 0 \quad (ここで，i = 1, 2) \tag{3.40}$$

を得る。ここで，式 (3.24) より $k_0^2 = \omega^2 \varepsilon_0 \mu_0$ を用いた。式 (3.40) はよく知られた 2 階微分方程式であり，(　) 内の正負により解の形が異なる。

β/k_0 がコア部の屈折率である n_1 より大きい場合，式 (3.40) の (　) 内はコア部，クラッド部ともに負となり，その解は e^{ax} または e^{-ax} の形となる。**図 3.15**（a）に $n_1 < \beta/k_0$ のときの解の形を示す。x 方向または $-x$ 方向に無

(a) $n_1 < \dfrac{\beta}{k_0}$　　$\dfrac{\beta}{k_0}$

(b) $n_2 < \dfrac{\beta}{k_0} < n_1$　　$\dfrac{\beta}{k_0}$

(c) $\dfrac{\beta}{k_0} < n_2$　　$\dfrac{\beta}{k_0}$

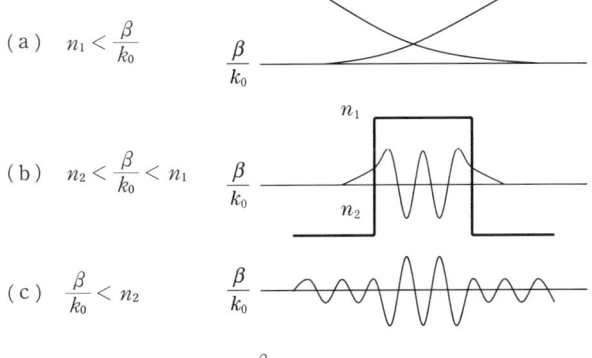

図 3.15　$\dfrac{\beta}{k_0}$ の値による解の形

限大に発散する解であり電界の形としてはありえない。現実の解になりえないものであり，言い換えれば β/k_0 が n_1 より大きくなることはない。

β/k_0 がコアとクラッド屈折率の間にある $n_2 < \beta/k_0 < n_1$ の場合，式 (3.40) は

(1) コア内，すなわち $|x| \leq a$ のとき

$$\frac{\partial^2 E_y}{\partial x^2} + (k_0^2 n_1^2 - \beta^2) E_y = 0 \tag{3.41}$$

(2) クラッド内，すなわち $x < -a$ または $x > +a$ のとき

$$\frac{\partial^2 E_y}{\partial x^2} - (\beta^2 - k_0^2 n_2^2) E_y = 0 \tag{3.42}$$

となる。図（b）に示すように，コア部では振動解，クラッド部では減衰する解となる。コア部に閉じ込められた光の電界を表しており，伝搬するモードの解である。このモードを**伝搬モード**（propagation modes）または**導波モード**（guided modes）と呼ぶ。

β/k_0 がクラッド屈折率 n_2 より小さい場合，式 (3.40) の（ ）内はコア部，クラッド部ともに正となり，図（c）に示すように，いずれの位置でも振動する解となる。この解は，コア-クラッド境界を屈折しコア部を通り抜ける光を表す。このような電界をもつ光を**放射モード**（radiation modes）と呼ぶ。

以上のことから，伝搬モードでは β/k_0 はコアとクラッド屈折率の間の値をとり，電界は式 (3.41) と式 (3.42) の解で表せることがわかる。そこで

$$\kappa^2 = k_0^2 n_1^2 - \beta^2, \quad \kappa > 0 \tag{3.43}$$

$$\gamma^2 = \beta^2 - k_0^2 n_2^2, \quad \gamma > 0 \tag{3.44}$$

とおいて，両式を解くと

(1) コア内，すなわち $|x| \leq a$ のとき

$$E_y = A \cos(\kappa x) + B \sin(\kappa x) \tag{3.45}$$

(2) クラッド内，すなわち $x < -a$ または $x > +a$ のとき

$$E_y = C e^{-\gamma x} + D e^{\gamma x} \tag{3.46}$$

となる。ここで，A，B，C，および D は境界条件により求まる任意定数である。また，κ と γ の間には

$$(\kappa a)^2 + (\gamma a)^2 \equiv V^2 = k_0{}^2 a^2 (n_1{}^2 - n_2{}^2) \tag{3.47}$$

の関係があり，式 (2.13) と式 (2.34) を用いると V は

$$V = \frac{2\pi}{\lambda_0} a n_1 \sqrt{2\Delta} \tag{3.48}$$

の関係にある．すなわち，V は，光の波長 λ_0 と光導波路の構造を表す定数，光導波路半幅 a, コア屈折率 n_1, およびコア-クラッド間の比屈折率差 Δ で決められる定数である．V を **規格化周波数** (normalized frequency)，略して **V値** と呼び，光導波路の構造を表すパラメータとしてしばしば登場する．

例3.1 V値の計算

(1) $2a = 9\,\mu\mathrm{m}$, $\Delta = 0.35\,\%$, $\lambda_0 = 1.3\,\mu\mathrm{m}$, および $n_1 = 1.45$ では

$$V = \frac{3.14}{1.3} \times 9 \times 1.45 \sqrt{2 \times 0.0035} = 2.64$$

(2) $2a = 50\,\mu\mathrm{m}$, $\mathrm{NA} = 0.21$, および $\lambda_0 = 1.3\,\mu\mathrm{m}$ では

$$V = \frac{3.14}{1.3} \times 50 \times 0.21 = 25.4$$

となる．

つぎに，任意定数を決めるための境界条件 ① と ② を考える．

① 伝搬モードの電磁界分布はコア部に集中しており，解は $x \to \pm\infty$ で 0 に減衰する．したがって，式 (3.49), (3.50) が得られる．

$$x > +a \text{ のとき，} \quad E_y = Ce^{-\gamma x} \tag{3.49}$$

$$x < -a \text{ のとき，} \quad E_y = De^{\gamma x} \tag{3.50}$$

② 境界面に平行な電磁界成分はコア-クラッド境界で連続する．電界の連続条件は

$$E_y(\text{コア})|_{x=\pm a} = E_y(\text{クラッド})|_{x=\pm a} \tag{3.51}$$

であり，磁界の連続条件

$$H_z(\text{コア})|_{x=\pm a} = H_z(\text{クラッド})|_{x=\pm a}$$

より，式 (3.36) を用いて

$$\frac{\partial E_y(\exists \mathcal{F})}{\partial x}\bigg|_{x=\pm a} = \frac{\partial E_y(\mathcal{I} \bar{\mathcal{I}} \mathcal{I} \mathcal{K})}{\partial x}\bigg|_{x=\pm a} \tag{3.52}$$

を得る。

以上の4式の境界条件を用いて伝搬モードの電磁界分布を求める。コア部での解である式 (3.45) において，A 項の $\cos(\kappa x)$ と B 項の $\sin(\kappa x)$ ともたがいに独立した解である。したがって，それぞれを独立したモードの解として書き下すことができる。

(1) TE 偶モード A 項の $\cos(\kappa x)$ は $x=0$ の軸に対して軸対称となる解であり，この解による電磁界分布を TE 偶モード (TE even modes) と呼ぶ。電界の連続条件である式 (3.51) を用いると

$$E_y = A\cos(\kappa x) \qquad (|x| \leq a：コア内のとき) \tag{3.53}$$
$$= A\cos(\kappa a)e^{-\gamma(x-a)} \quad (x > +a：クラッド内のとき) \tag{3.54}$$
$$= A\cos(\kappa a)e^{\gamma(x+a)} \quad (x < -a：クラッド内のとき) \tag{3.55}$$

となる。さらに，式 (3.53)〜(3.55) を磁界の連続条件である式 (3.52) に代入すると $x=a$ において

$$-A\kappa\sin(\kappa a) = A\cos(\kappa a)(-\gamma)$$

より，次式を得る。

$$\tan(\kappa a) = \frac{\gamma}{\kappa} \tag{3.56}$$

式 (3.56) から，式 (3.47) を利用すると TE 偶モードの κ と γ，さらには式 (3.43) により β を求めることができる。この意味で，式 (3.56) は TE 偶モードの**固有値方程式** (eigenvalue equation) と呼ばれる。

(2) TE 奇モード B 項の $\sin(\kappa x)$ は座標の原点に対して点対称となる解であり，この解による電磁界分布を TE 奇モード (TE odd modes) と呼ぶ。電界の連続条件である式 (3.51) を用いると

$$E_y = B\sin(\kappa x) \qquad (|x| \leq a：コア内のとき) \tag{3.57}$$
$$= B\sin(\kappa a)e^{-\gamma(x-a)} \quad (x > +a：クラッド内のとき) \tag{3.58}$$
$$= -B\sin(\kappa a)e^{\gamma(x+a)} \quad (x < -a：クラッド内のとき) \tag{3.59}$$

となる.偶モードと同様,磁界の連続条件式(3.52)に代入すると,TE奇モードの固有値方程式(3.60)を得る.

$$\tan(\kappa a) = -\frac{\kappa}{\gamma} \tag{3.60}$$

3.2.2 固有値方程式の解とモードの性質

TE偶モードの固有値方程式(3.56)は,V値の定義式(3.47)との連立方程式であるので,この2式を解くことによりκとγを求めることができる.しかしながら,解析的には解けないのでコンピュータによる数値解を得るのが普通である.ここでは解の見通しを得るために,図形による解法について説明する.いま,κとγを無次元の定数である

$$X = \kappa a \tag{3.61}$$
$$Y = \gamma a \tag{3.62}$$

とおく.さらに,式(3.47)より

$$X^2 + Y^2 = V^2 \tag{3.63}$$

となる.TE偶モードの固有値方程式は式(3.56)より

$$Y = X \tan X \tag{3.64}$$

となり,TE奇モードのそれは式(3.60)より,次式を得る.

$$Y = -X \cot X \tag{3.65}$$

以上の関係式をX-Y平面上に描くと,**図3.16**となる.

図において,XとYは定義によりつねに正であるので,解の範囲である第1象限のみを示した.$Y = X \tan X$ が正であるのは

$$0 \leqq X < \frac{\pi}{2}, \quad \pi \leqq X < \frac{3\pi}{2}, \quad \cdots, \quad m\frac{\pi}{2} \leqq X < (m+1)\frac{\pi}{2}, \quad \cdots$$
$$(m = 0, 2, 4, \cdots) \tag{3.66}$$

のときであり,$Y = -X \cot X$ が正であるのは

$$\frac{\pi}{2} \leqq X < \pi, \quad \frac{3\pi}{2} \leqq X < 2\pi, \quad \cdots, \quad m\frac{\pi}{2} \leqq X < (m+1)\frac{\pi}{2}, \quad \cdots$$
$$(m = 1, 3, 5, \cdots) \tag{3.67}$$

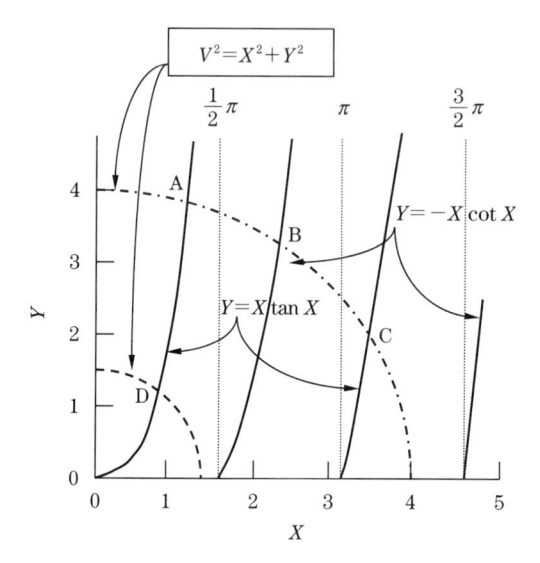

図 3.16 図形による固有値方程式の解

のときである。偶モードと奇モードの固有値方程式は $\pi/2$ ごとに交互に現れる。X が $m\pi/2$ のとき固有値方程式は $Y=0$ となり図に現れ，$(m+1)\pi/2$ に近づくと Y は無限大へと発散する。

もう一つの関係式である $X^2+Y^2=V^2$ を図において 1/4 の円で示した。この 1/4 の円と $Y=X\tan X$ または $Y=-X\cot X$ との交点が解である。例えば，図において $V=4$ の場合である $X^2+Y^2=4^2$ の 1/4 の円を 1 点差線で示した。交点は，$0\leq X<\pi/2$ の範囲にある点 A，$\pi/2\leq X<\pi$ の範囲にある点 B，および $\pi\leq X<3\pi/2$ の範囲にある点 C の合計 3 点存在する。それぞれの解は式 (3.66) と式 (3.67) で表せる範囲にあるため，コア内の電界分布における節の数が決まる。例えば，点 A では，$0\leq\kappa<\pi/(2a)$ により $-a\leq x\leq a$ の範囲において $\cos(\kappa x)$ はつねに正である。すなわち，式 (3.53) での TE 偶モードの電界分布において節はない。したがって，この解は基本モードに対応する。同様にして，B 点と C 点はそれぞれ 1 次モードと 2 次モードに対応する。

図 3.17 に，基本モードから 3 次モードまでの電界分布を示す。2.2 節での幾何光学を用いての説明と同様，電界分布における節の数がモード次数を表

偶モード　　　　　　　　奇モード

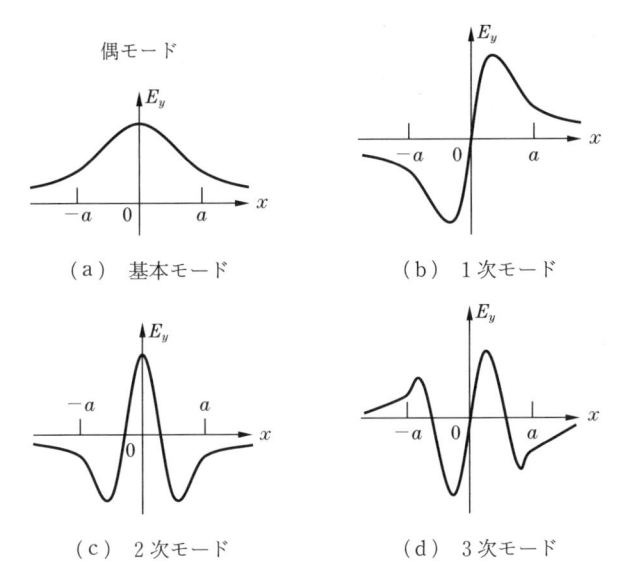

（a）基本モード　　　　　（b）1次モード

（c）2次モード　　　　　（d）3次モード

図 3.17　各モードの電界分布

す．また，式（3.66）と式（3.67）での m はモード次数となる．幾何光学での説明との違いは，クラッド部に電界がはみ出している点である．コアから遠ざかるほど指数関数で電界は減衰するが，理論上無限遠まで電界は存在する．

V 値を小さくして，$V=1.4$ としたときの 1/4 の円を図 3.16 の点線で示した．このときには V 値が $\pi/2$ 以下であるため，一つの交点 D しか解をもたない．この交点 D は基本モードに対応する解であるが，基本モードしか伝搬しないことに相当する．したがって，式（3.47）より，基本モードしか伝搬しない解の領域，すなわち単一モード領域は

$$V = \frac{2\pi}{\lambda_0} a \sqrt{n_1^2 - n_2^2} = \frac{2\pi}{\lambda_0} a n_1 \sqrt{2\Delta} < \frac{\pi}{2} \tag{3.68}$$

となる．この式により，2.3 節で定義したカットオフ波長 λ_c は

$$\lambda_c = 4 a n_1 \sqrt{2\Delta} \tag{3.69}$$

となる．幾何光学により求めた式（2.25）と比較すると，式（3.69）は 2 倍の

値となる。また，図 3.17 において基本モードの固有値方程式は原点を通過するので，V 値がどのように小さい値でも解は必ず存在する。この点も基本モードすら伝搬しない領域をもつ幾何光学での解と異なる。これらの違いは，波動方程式により解を求めるとクラッド部に電磁界が張り出すためであり，詳しくは 3.3 節で説明する。

3.3 いくつかの特徴

3.3.1 幾何光学と波動光学

3.2 節では，マクスウェルの波動方程式を解くことにより伝搬モードの電磁界分布を得，伝搬定数を求めるための固有値方程式を得た。このような波動解を，幾何光学の立場から見直すとどのように映るのか，をつぎに説明する。

「波」は人間には理解しにくい面があり，現象を直感的に理解するには「粒子」とか「光線」のほうがやさしい。

TE 偶モードのコア内における電界分布の式（3.53）は式（3.32）と合わせると

$$E_y = A\cos(\kappa x)e^{j(\omega t - \beta z)} = \frac{1}{2}Ae^{j(\omega t - \beta z + \kappa x)} + \frac{1}{2}Ae^{j(\omega t - \beta z - \kappa x)} \quad (3.70)$$

となる。3.1 節で説明した波数は，x，y，および z のあらゆる方向に進行する波を表すためベクトルで一般には表現される。すなわち，$\boldsymbol{k} = (k_x, k_y, k_z)$ である。この波の振動成分は

$$e^{j(\omega t - k_x x - k_y y - k_z z)}$$

という式で表され，式（3.70）と比較すると

$$k_x = \pm\kappa, \quad k_y = 0, \quad \text{および} \quad k_z = \beta \quad (3.71)$$

を得る。これは，図 3.18 に示すように伝搬角度 θ_w と $-\theta_w$ で光導波路を斜めに進む二つの光線を意味する。ここで，θ_w の下付き W はあとに示す幾何光学での角度と区別するため加えた。このとき

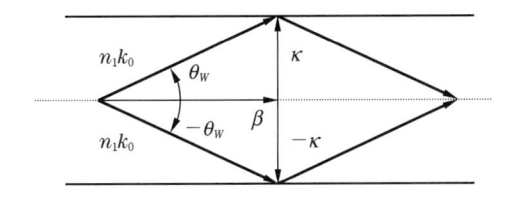

図 3.18 TE偶モードの光線表現

$$\tan \theta_W = \frac{\kappa}{\beta} \tag{3.72}$$

であり，式（3.43）より

$$\sin \theta_W = \frac{\kappa}{n_1 k_0} \tag{3.73}$$

となる．2.2.3項では，上側の境界に進む光と下側の境界に進む光が合成されてモードを形成することを説明したが，波動解においても同じ結論を得る．

では，幾何光学での解（以下，光線解と呼ぶ）とどのような点が異なるのだろう．いま，基本モードを考える．光線解での基本モードの伝搬角度 θ_R は式（2.16）より

$$\sin \theta_R = \frac{\lambda_0}{4 a n_1} = \frac{\pi}{2a} \frac{1}{n_1 k_0} \tag{3.74}$$

となる．波動解と伝搬角度を比較すると

$$\sin \theta_R - \sin \theta_W = \frac{1}{a n_1 k_0}\left(\frac{\pi}{2} - \kappa a\right) \tag{3.75}$$

を得る．（　）内の値は，$X = \kappa a$ に関する光線解と波動解との差に等しく，つねに正である．**図 3.19** に，3.2節で説明した図 3.16 の図形による固有値方

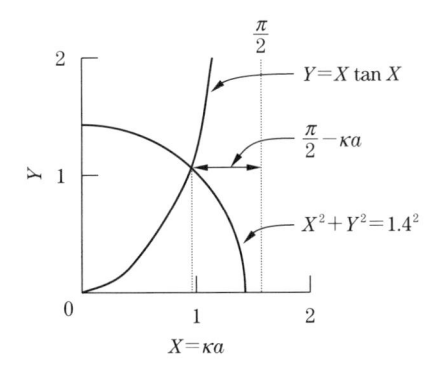

図 3.19 固有値方程式の解と幾何光学の差

程式の解のうち，基本モードの解の部分のみを取り出して示す．$X=\pi/2$ が光線解に相当し，$X=\kappa a$ との差が（　）内の値である．また，式 (3.75) は光線解での伝搬角度のほうが波動解より大きいことを示す．

伝搬角度が光線解より小さいことは，実効的なコア幅が拡大することを意味する．いま，実効的なコア半幅 a' を考え，光線解における伝搬角度の関係式 (2.16) に代入すると

$$\sin\theta_W = \frac{\pi}{2a'}\frac{1}{n_1 k_0} = \frac{\kappa}{n_1 k_0} \tag{3.76}$$

となり，次式を得る．

$$a' = \frac{\pi}{2\kappa} \tag{3.77}$$

ここで，式 (3.73) を用いた．真のコア半幅に比べ実効的なコア半幅は

$$a' - a = \frac{1}{\kappa}\left(\frac{\pi}{2} - \kappa a\right) \tag{3.78}$$

だけ大きい．すなわち，この分がクラッド部にはみ出していることとなる．この様子を図 3.20 に示す．角度 θ_W で伝搬する光は，コア-クラッド境界を突き抜けてクラッド部に進み，実効的なコア半幅 a' に達したところで反射し，再びコア部に戻る．クラッド部にまで光が進むため，境界付近でのクラッドに電界が存在する．クラッド部に染み出した電界を**エバネッセント波**（evanescent waves）といい，光がはみ出すことによって生じる位相変化量を**グー**

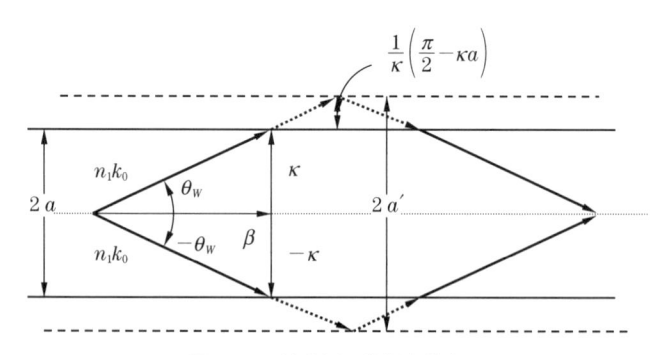

図 3.20　波動解の幾何光学表現

3.3 いくつかの特徴　67

ス・ヘンシェンのシフト（Goos-Hänchen's shift）と呼ぶ．

また，光線解における m 次モードの伝搬角度式（2.21）は，m 次モードの $X = \kappa a$ が $(m+1)\pi/2$ のときに相当する．ところが，m 次モードのカットオフでは $X = V = m\pi/2$ となり，光線解と $\pi/2$ の差が生じる．特に，$m=1$ の1次モードではカットオフ波長で2倍の値となる．

3.3.2　群速度と波長分散

（1）　群　速　度　　2章では，光の速度は屈折率 n の媒質中では c/n であるとして多くの光導波現象を幾何光学で説明した．また，マクスウェルの波動方程式から出発すると，c/n は波におけるある位相点の速度であることを3.1節において明らかにした．その意味でこれを**位相速度**（phase velocity）と呼ぶ．では，波のエネルギーである振幅はどのような速度で進むのであろうか．

光導波路において，z 方向に進む光の電磁界は

$$E(t, z) = E e^{j(\omega t - \beta z)} \tag{3.79}$$

の形となることを3.2節で求めた．$|E|^2$ がエネルギーに比例するので，振幅 E の進む速度がエネルギーの進む速度である．

式（3.79）を再び説明する．$t=0$ の瞬間で式（3.79）は $Ee^{-j\beta z}$ となるので，$z=0$ の近辺で存在する正弦波は**図 3.21**（a）に示す形であるとする．この正弦波は，t 時間後には

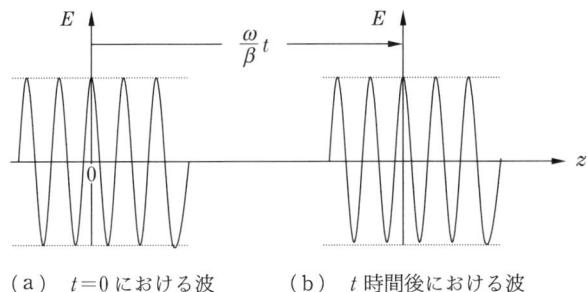

（a）　$t=0$ における波　　　（b）　t 時間後における波

図 3.21　波の伝搬速度である位相速度

$$E(t,\ z) = E\exp\left\{-j\beta\left(z-\frac{\omega}{\beta}t\right)\right\} \tag{3.80}$$

となるので $z=\omega t/\beta$ 付近に存在する．したがって，位相速度 v_p が求まる．

$$v_p = \frac{\omega}{\beta} \tag{3.81}$$

ところで，β は ω に独立ではなく，伝搬定数に関する一連の関係式 (3.22)，(3.43)，(3.44)，(3.56)，および式 (3.60) より明らかなように，もともとは ω の関数である．逆に，ω は β の関数である．すなわち

$$\beta = \beta(\omega),\ \text{および}\ \omega = \omega(\beta) \tag{3.82}$$

である．β が β_0 よりわずかに $\pm\Delta\beta$ 変化して $\beta=\beta_0\pm\Delta\beta$ となるとき，ω は ω_0 より $\pm\Delta\omega$ 変化して $\omega=\omega_0\pm\Delta\omega$ となる．

いま，$t=0$ の瞬間において次式で表される**波束** (wave packets) を考える．

$$E = 2E_0\cos(\Delta\beta z)e^{-j\beta_0 z} = E_0[e^{-j(\beta_0+\Delta\beta)z} + e^{-j(\beta_0-\Delta\beta)z}] \tag{3.83}$$

ここで，波束とは，わずかに振動数の異なる波が重なり合うことによって生じる振幅のうねりのことをいう．そのうねりは固まりとなって一つの粒子のように伝搬する．式 (3.83) でいうと，わずかに振動数の異なる二つの波 ($\beta_0\pm\Delta\beta$) が重なり合って振幅のうねり $2\cos(\Delta\beta z)$ を形成している．

このうねりの伝搬速度を考える．式 (3.83) の二つの波 ($\beta_0\pm\Delta\beta$) はそれぞれ位相速度 $(\omega_0\pm\Delta\omega)/(\beta_0\pm\Delta\beta)$ で変化するので，式 (3.80) より，t 時間後には

$$E = E_0\left[\exp\left\{-j(\beta_0+\Delta\beta)\left(z-\frac{\omega_0+\Delta\omega}{\beta_0+\Delta\beta}t\right)\right\} + \exp\left\{-j(\beta_0-\Delta\beta)\left(z-\frac{\omega_0-\Delta\omega}{\beta_0-\Delta\beta}t\right)\right\}\right]$$

となり，結局

$$E = E_0[e^{j(\Delta\omega t-\Delta\beta z)} + e^{-j(\Delta\omega t-\Delta\beta z)}]e^{j(\omega_0 t-\beta_0 z)}$$
$$= 2E_0\cos\left[\Delta\beta\left(z-\frac{\Delta\omega}{\Delta\beta}t\right)\right]e^{j(\omega_0 t-\beta_0 z)} \tag{3.84}$$

となる．式 (3.84) の意味を**図 3.22** に示す．図 (a) のように $t=0$ において $z=0$ の近辺にある波束は，図 (b) で示すように t 時間後には $(\Delta\omega/\Delta\beta)t$ 付

3.3 いくつかの特徴   69

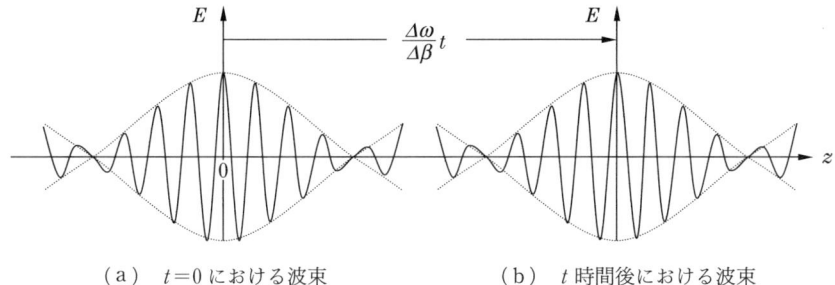

(a) $t=0$ における波束   (b) t 時間後における波束

図 3.22 波束の伝搬速度である群速度

近に存在する.すなわち,波束の速度は $\Delta\omega/\Delta\beta$ である.

波束の速度,すなわち波のエネルギーの速度を**群速度**(group velocity) v_g と呼び,式(3.85)で定義される.

$$v_g = \frac{d\omega}{d\beta} \tag{3.85}$$

したがって,波束が距離 L を伝搬するまでの時間 t_g はその逆数となり

$$t_g = L\frac{d\beta}{d\omega} \tag{3.86}$$

となる.これを**群遅延時間**と呼ぶ.

(2) 波長分散 波の速度には位相速度と群速度の二つの速度があることを得ることができた.では実際,この二つの速度にはどのような場合にどれくらいの違いがあるのであろうか,みてみることにする.まず,真空中での光の伝搬を考える.式(3.24)に戻り真空中の伝搬定数 k_0 は

$$k_0 = \frac{\omega}{c} \tag{3.87}$$

であるので,位相速度と群速度は等しい.

屈折率 n の媒質中を考えると,式(3.25),(3.29)より次式となる.

$$k = nk_0 = \frac{n}{c}\omega \tag{3.88}$$

屈折率 n が光の周波数,すなわち波長により変化する場合,群遅延時間は

$$t_g = \frac{L}{c}\left(n + \omega\frac{dn}{d\omega}\right) \tag{3.89}$$

となり，2項目にある屈折率の周波数微分に関する分だけ位相遅延時間と異なる．式 (3.89) の ( ) 内は群遅延時間にかかわる屈折率という意味で**群屈折率** (group index) といわれる．式 (3.87) および $k_0 = 2\pi/\lambda_0$ を用いると，群屈折率 N は

$$N \equiv n + \omega \frac{dn}{d\omega} = n + k_0 \frac{dn}{dk_0} = n - \lambda_0 \frac{dn}{d\lambda_0} \tag{3.90}$$

と表される．

　群遅延時間が波長により変化するとき，一つの光パルスがさまざまな波長の光で構成されていると，光パルスの広がりを生じる．この現象を**波長分散** (wavelength dispersion) という．図 3.23 に示すように，長さ L の光導波路に λ_1 から λ_n までの波長をもつ光で構成された一つのパルスを入射したとする．各波長での光パルスは，入射点で時間の同期がとれていると波長全体での光パルスは狭いままである．ところが波長により遅延時間が異なるため長さ L の伝搬後には光パルスの広がりが生じる．これが波長分散による光パルスの広がりである．

　波長により変化する群遅延時間となることの原因が，伝搬している媒質の材料特性に起因しているとき，その波長分散を**材料分散** (material dispersion)

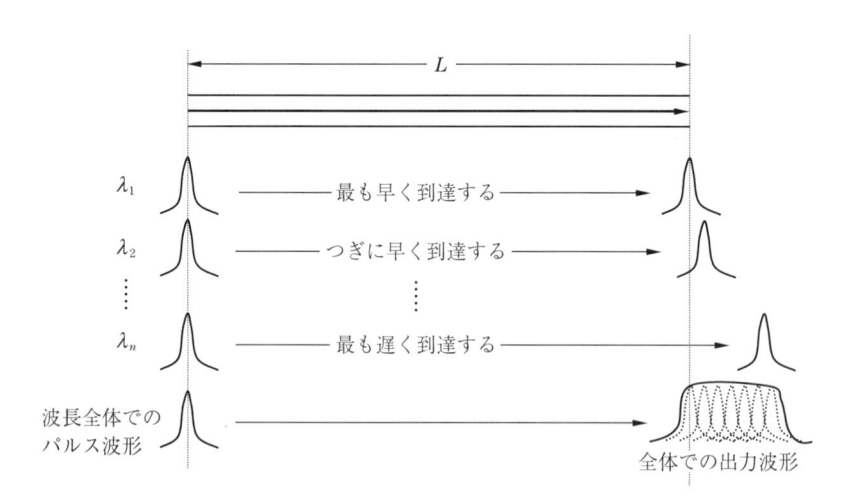

図 3.23　光導波路中での光パルスの伝搬

という。

式 (3.90) の2項目は材料分散によるものである。狭義の材料分散 σ_m は，km 当りの群遅延時間をさらに波長で微分した値で定義される。したがって，式 (3.89)，(3.90) より

$$\sigma_m \equiv \frac{1}{L}\frac{dt_g}{d\lambda_0} = -\frac{\lambda_0}{c}\frac{d^2 n}{d\lambda_0^2} \tag{3.91}$$

となる。σ_m は，屈折率の2階微分に比例する。

例 3.2 石英ガラスの群遅延時間

光ファイバの材料として利用される石英系ガラスの屈折率を図 3.24 に示す。屈折率は波長により変化し，波長が長くなると屈折率は小さくなる。この屈折率の波長依存性から群屈折率が求まる。図 3.25 に群遅延時間を示す。波長 1.3 μm 付近で群遅延時間は最小値をとり，1.3 μm より長波長側では再び群遅延時間が上昇する。群遅延時間が最小となる波長を**ゼロ分散波長**（zero dispersion wavelength）と呼ぶ。

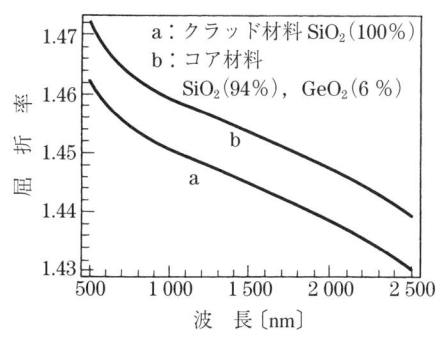

図 3.24　石英系ガラスの屈折率 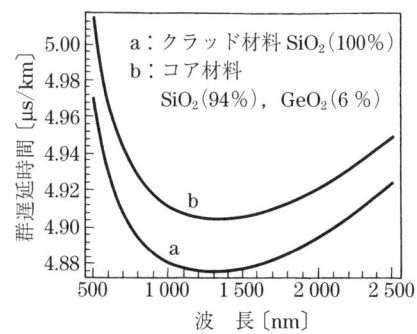　　図 3.25　石英系ガラスの群遅延時間

つぎに，光導波路におけるモードではどのような群遅延時間となるのであろうか。まず，式 (3.92) で表せる**規格化伝搬定数**（normalized propagation constant）を定義する。

$$b = \frac{(\beta/k_0)^2 - n_2^2}{n_1^2 - n_2^2} \tag{3.92}$$

$n_1 \cong n_2 \cong \beta/k_0$ のときには,式 (3.92) は簡単になり

$$b \cong \frac{\beta - k_0 n_2}{k_0(n_1 - n_2)} \tag{3.93}$$

より

$$\beta = k_0 n_2 + k_0(n_1 - n_2)b \tag{3.94}$$

となる。式 (3.86) に代入して

$$t_g = \frac{L}{c}\frac{d\beta}{dk_0}$$

$$\cong \frac{L}{c}\left[N_2 + (N_1 - N_2)\frac{d(Vb)}{dV}\right] \tag{3.95}$$

を得る。ここで,N_i ($i=1, 2$) は式 (3.90) で定義されるコアおよびクラッドでの群屈折率であり,$n_1 - n_2 \cong N_1 - N_2$ を用いた。

式 (3.95) の [ ] 内の第 1 項はクラッド材料の群屈折率であるので材料分散を表す。第 2 項は,光が導波路のなかを伝搬することによって生じる群速度の変化に相当し,この変化を**導波路分散**(waveguide dispersion)という。

ひとロメモ

光 の 分 散

太陽光線のような白色光をスリットに通してプリズムで屈折させ,これを衝立で受けると,図 3.26 のように,屈折角の小さい光の順に,赤,橙,黄,緑,青,紫と並べられる。この現象を**光の分散**という。分散のもともとの意味である。

石英ガラスのプリズムは赤,橙,… の順に屈折率が高くなり,紫色で最も大きい。したがって,波長が短いほど屈折角が大きくなる。

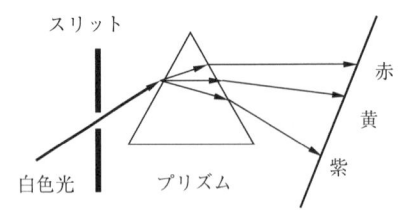

図 3.26 プリズムによる光の分散

図 3.27 には V 値に対する $d(Vb)/dV$ の計算例を示す。実線は平面光導波路の基本モードにおける値であり，点線は光ファイバの基本モードにおける値である。屈折率分布はともに階段形とした。V 値が 0 に近づくと $d(Vb)/dV$ はともに 0 に漸近する。これは式（3.95）の群遅延時間がクラッド部材の材料分散に近づくことを意味する。V 値が 2 より大きくなると $d(Vb)/dV$ はともに 1 より大きくなり，3 以上では 1 に漸近する。式（3.95）より，これは群遅延時間がコア部材の材料分散に近づくことを意味する。この間で導波路分散は大きく変化する。

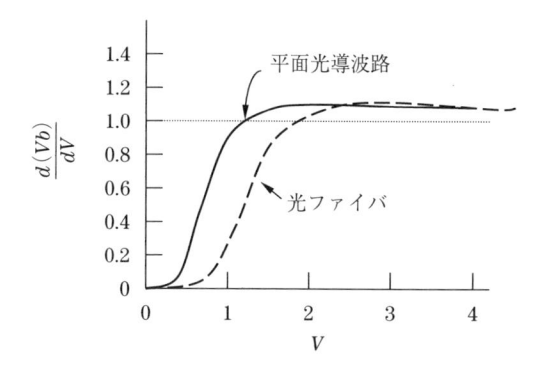

図 3.27 V 値に対する導波路分散

これらの内容は図 3.28 で説明される。V 値の大小をコア幅の大小で表すと，コア幅が大きいとき，光はコア内に十分閉じ込められるため波長の変化による群遅延時間の変化は小さい。図 3.27 で $d(Vb)/dV$ が 1 より大きくなる，すなわち群屈折率が N_1 より大きくなる理由は，光は伝搬方向に対して斜めに進み反射を繰り返して伝搬するので行路長が導波路長より長くなるためである。逆にコア幅がきわめて小さい場合，光はほとんどクラッド部にあり同様に群遅延時間の変化は小さい。コア幅が比較的小さく光がクラッド部に染み出すようになると，わずかな波長の変化により光の行路が大きく変化し群遅延時間に大きな影響を与える。波長の変化による群遅延時間の変化を狭義の波長分散というので，この場合は波長分散の一つである導波路分散が大きくなることを

(a) コア幅の大きい場合

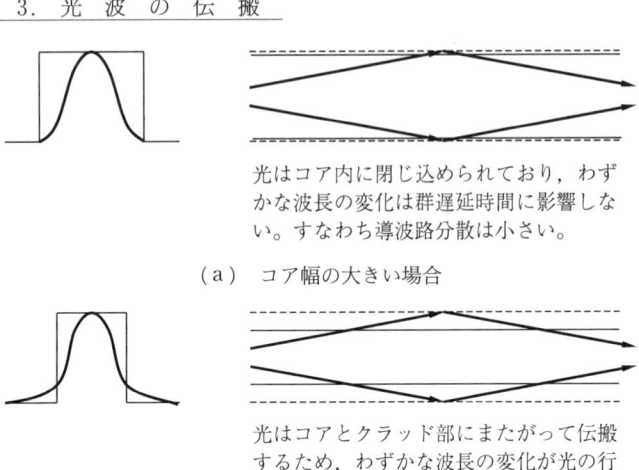

光はコア内に閉じ込められており、わずかな波長の変化は群遅延時間に影響しない。すなわち導波路分散は小さい。

(b) コア幅が比較的小さい場合

光はコアとクラッド部にまたがって伝搬するため、わずかな波長の変化が光の行路に大きく影響し、群遅延時間に大きな変化を与える。すなわち導波路分散が大きい。

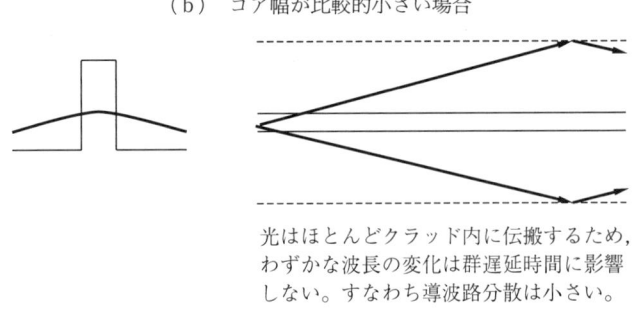

(c) コア幅がきわめて小さい場合

光はほとんどクラッド内に伝搬するため、わずかな波長の変化は群遅延時間に影響しない。すなわち導波路分散は小さい。

図 3.28 コア幅と光の行路,および導波路分散との関係

意味する。すなわち,コア幅が比較的小さい場合に最も導波路分散が大きい。

また,式 (3.95) より,$d(Vb)/dV$ の係数は (N_1-N_2) であるのでコア-クラッド間の比屈折率差 $\varDelta$ を大きくすることによっても導波路分散を大きくすることができる。このような変化は,屈折率分布形状を設計することにより使用波長において所要の波長分散を得ることに利用できる。4.1 節では,さまざまな光ファイバ構造により波長分散を制御することを説明する。

光ファイバにおける光パルスの広がりを**分散**(dispersion)と呼び,2.3 節

で説明したモードごとに伝搬時間が異なるために生じる光パルス広がりを**モード分散**（modal dispersion）という．本節で述べた波長分散と合わせて光ファイバにおける分散を分類すると，**表3.3**となる．

表 3.3 光ファイバにおける分散の種類

種類		内容または原因
モード分散		モード間で伝搬時間が異なるため生じる
波長分散		波長により伝搬時間が異なる現象
	材料分散	材料の群屈折率が波長により異なるため
	導波路分散	モードの電磁界分布が波長により異なるため

3.3.3 一様曲がり損失

2.3.4項では，光導波路が曲げられることにより発生する光損失として，直線部から曲がり部に変換する箇所での損失について説明した．この変換点以降の曲がり部では伝搬角度が大きくなるため臨界角以上に達する光が生じ，それが放射されて損失となることを幾何光学により説明した．しかしこの幾何光学による説明では，いったん変換点を無事通過した光は損失なく曲がり導波路を伝搬することとなる．本項では，このような光においても曲がり部で損失が発生することを説明する．

いま，伝搬定数 β で進行する光を考える．光の電磁界はクラッド部に染み出すため，クラッド部においても等位相面が存在する．3.2節の図3.12で説明したように，この等位相面は伝搬軸と垂直な方向にコアとクラッド境界を横断して無限遠方まで存在する．曲がり導波路では，この等位相面は扇の骨のように光導波路の外側に向かって広がる．**図3.29（a）**に，曲率半径 R の曲がり導波路において無限遠方まで広がる等位相面を示す．

直線部で伝搬軸方向の波長が $\lambda_z = 2\pi/\beta$ のとき，光導波路の中心から外側に距離 r の点で観測すると円周方向に伝搬する光の波長は

$$\lambda(r) = \left(1 + \frac{r}{R}\right)\lambda_z \tag{3.96}$$

となる．したがって，この点における伝搬定数 $\beta(r)$ は

76   3. 光波の伝搬

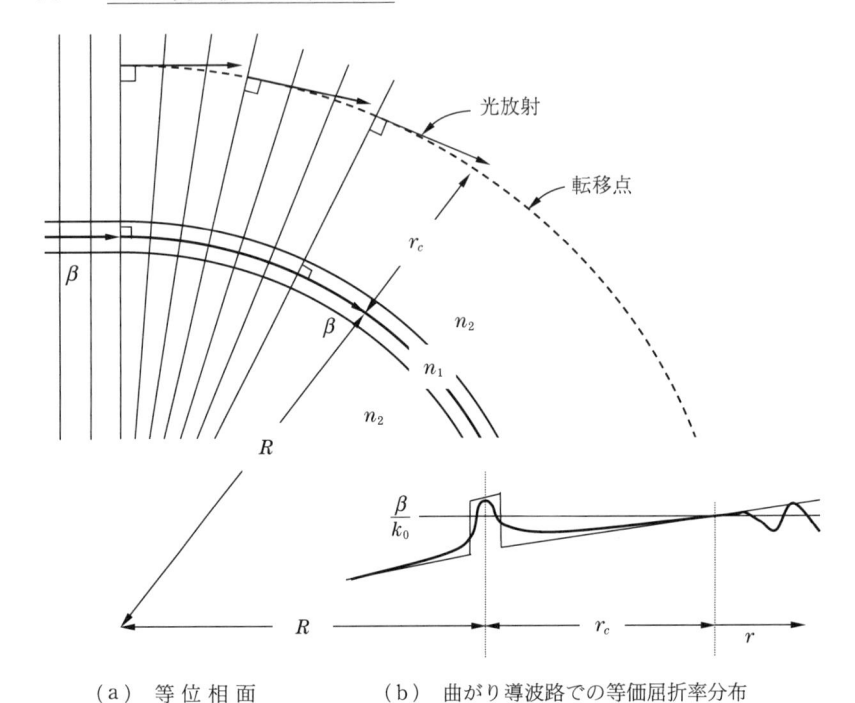

(a) 等位相面　　　(b) 曲がり導波路での等価屈折率分布

図 3.29　曲がり導波路における等位相面と光の放射

$$\beta(r) \equiv \frac{2\pi}{\lambda(r)} = \frac{\beta}{1+r/R} \tag{3.97}$$

と書くことができる。式 (3.97) を式 (3.40) に挿入すると

$$\frac{\partial^2 E_y}{\partial x^2} + \frac{1}{(1+r/R)^2}\left[k_0^2 n_i^2\left(1+\frac{r}{R}\right)^2 - \beta^2\right] E_y = 0 \quad (i=0, 1) \tag{3.98}$$

となり，[ ] 内の正負をみるには

$$n_i \to n_i\left(1+\frac{r}{R}\right) \tag{3.99}$$

とおく等価屈折率分布が便利である。図 (b) に等価屈折率と β との関係を示す。等価屈折率は r に比例して増加し

$$r_c \equiv R\left(\frac{\beta}{n_2 k_0} - 1\right) \tag{3.100}$$

より遠方では式 (3.98) の解は振動解となる。すなわち，r_c の距離から電磁

界は外側に向かって放射される解となる．コア内にある電磁界は，減衰領域である r_c までのクラッド部を「トンネル」してその外側に放出される．この放射される電磁界は，導波する光にとっては損失となる．また，図3.29に示すように，光が r_c で等位相面の垂直方向に放射される．r_c は**転移点**（caustic）と呼ばれる．物理的には，扇の外側では位相速度が光速限界を超えるため，回転する傘に振り注ぐ雨粒は傘の骨を伝わって外側に流れ骨の端で振り放たれるように，光が円周方向に放射される現象といえる．

この現象により説明される光損失は，光導波路が曲げられているかぎり必ず存在する損失であり，**一様曲がり損失**と呼ばれる．一様曲がり損失は，光の電磁界がクラッド部に染み出すため発生するもので，光の波動という性質により初めて説明される．

章 末 問 題

【1】 式（3.25）～（3.27）と同様にして，屈折率 n の誘電体中を伝搬する光の波長 λ を真空中での光の波長 λ_0 で表せ．

【2】 つぎの定数をもつ平面光導波路における V 値を求めよ．
   (1) $2a = 9\,\mu\mathrm{m}$, $\mathrm{NA} = 0.12$, および $\lambda_0 = 1.55\,\mu\mathrm{m}$
   (2) $2a = 62.5\,\mu\mathrm{m}$, $\Delta = 2.0\%$, $\lambda_0 = 1.3\,\mu\mathrm{m}$, および $n_1 = 1.45$

【3】 ステップインデックス平面光導波路におけるTM偶モードの固有値方程式を求めよ．

【4】 ステップインデックス平面光導波路において伝搬可能なモード数が M の場合，この光導波路がとりうる V 値の範囲を求めよ．

【5】 m 次モードの波動解と光線解に関するつぎの問いに答えよ．
   (1) 光線解では $X = \kappa a$ はどのような値に相当するか．
   (2) 波動解を幾何光学表現したとき，光がコア-クラッド境界からクラッドにはみ出す距離を求めよ．

【6】 ガラスの屈折率が次式で近似されるとする．このときつぎの問いに答えよ．
$$n(\lambda_0) = C_0 - a\lambda_0^2 + \frac{b}{\lambda_0^2}$$
ここで λ_0 は μm 単位の光波長，および $C_0 = 1.451$, $a = b = 0.003$ である．

(1) $\lambda_0 = 1\,\mu m$ のとき群屈折率は屈折率とどの程度違うのか，その差を求めよ．

(2) ゼロ分散波長を求めよ．

(3) $\lambda_0 = 1.55\,\mu m$ のときの材料分散を求めよ．

【7】 式 (3.95) を求めよ．

【8】 一様曲がりによる放射パワー P_r は，r_c における電界強度の2乗にほぼ比例する．したがって，式 (3.54) より

$$P_r \propto |E_y(r_c)|^2 \propto e^{-2\gamma R\{\beta/(n_2 k_0)-1\}}$$

となる．この式より考察してつぎの問いに答え，その理由を説明せよ．

(1) コア-クラッド間の比屈折率差を大きくすると一様曲がり損失は増加するか，減少するか．

(2) コア幅を大きくすると一様曲がり損失は増加するか，減少するか．

(3) 伝搬する光の波長を長波長側にシフトすると一様曲がり損失は増加するか，減少するか．

(4) 伝搬しているモードが複数個あるとき，基本モードから高次モードの順に一様曲がり損失は増加するか，減少するか．

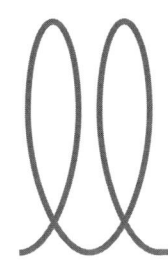

4. 光ファイバ

2章，3章では平面光導波路を中心に伝搬モード，パルスの広がり，曲がり損失などを説明した。本章でいよいよ光ファイバを取り扱う。初めて光ファイバを勉強しようとすると光ファイバにおける電磁界理論ではベッセル関数，変形ベッセル関数といった特殊関数を扱う必要があり，これら関数の理解で精力を尽くして光導波現象を理解するまでに挫折することが少なからずある。この欠点を補うため，2章では幾何光学，3章では平面光導波路での波動光学を用いて数々の光導波現象を説明し，理解をやさしくした。光ファイバにおける光導波現象については，平面光導波路での取扱いをわずかに変更する，例えば，正弦関数をベッセル関数に変更するだけでほとんどの場合，同様な扱いが可能である。

本章では，数学的な導出を行わずに結果のみを示し，平面光導波路での類似現象で説明する。ただ，光ファイバには平面光導波路にない特徴が二，三あり，実用面で重要と思われるため，これらの点を解説する。

4.1 光ファイバの分類

ひと口に光ファイバといっても，素材，構造，用途の違いにより数多くの種類がある。本節では，種々の光ファイバを分類して解説する。

4.1.1 誘電体の材料による分類

光ファイバに用いられる誘電体材料の要求条件は，① 透明であること，② 長期間安定な化学組成であること，③ 添加剤などにより屈折率構造を形成できること，④ 紡糸加工が可能であること，などである。**表4.1** に示すように，

4. 光ファイバ

表 4.1 誘電体の材料による光ファイバの分類

材料	光ファイバ種類	おもな成分	おもな用途
ガラス	石英系光ファイバ	SiO_2, GeO_2, F	信号伝送
	多成分系光ファイバ	SiO_2, B_2O_3, Na_2O, CaO, LiO など	光ファイバデバイス
	フッ化物系光ファイバ	AlF_3, CaF_2, BaF_2 など	光ファイバ増幅器
プラスチック光ファイバ		PMMA, シリコン樹脂 など	ショートリンク, 照明

材料は大きくガラスとプラスチックに分類される。

通常，光ファイバといえば石英系光ファイバを示す。高純度の石英（SiO_2）に，屈折率構造を形成するためのわずかな添加剤（ドーパント）を使用する。屈折率を上げる添加剤として酸化ゲルマニウム（GeO_2）と屈折率を下げるためのフッ素（F）が一般に用いられる。長距離通信，アクセス系通信のすべてにこの石英系光ファイバが使用される。したがって，本節以降では，特に断らないかぎり光ファイバといえば**石英系光ファイバ**のことをいう。

多成分系光ファイバは，ソーダ石灰ガラスやホウケイ酸ガラスなどを主成分とし，添加剤にナトリウム（Na），カルシウム（Ca）などのアルカリ金属を使用する。軟化温度が低く加工しやすいという利点があるが，不純物除去が困難で低損失化に向かないため，伝送用光ファイバとしては現在ではあまり利用されていない。マイクロレンズなど光ファイバ部品として利用されている。

フッ化物系光ファイバは，AlF_3，CaF_2，BaF_2 などのフッ素化合物による混合ガラス素材で形成され，軟化温度が低く，理論的には $2 \sim 4 \, \mu m$ の超長波長側で石英系光ファイバより低損失になるとされているものである。さまざまな希土類元素を化学的に安定に取り込むことができるため，現在では増幅器用光ファイバとして大きな期待を集めている。$1\,530 \sim 1\,600 \, \mu m$ 帯増幅にエルビウム（Er），$1\,440 \sim 1\,500 \, \mu m$ 帯増幅にツリウム（Tm），$1\,280 \sim 1\,320 \, \mu m$ 帯増幅にプラセオジウム（Pr）などを添加する。

プラスチック光ファイバは，**POF**（plastic optical fibers）とも呼ばれる。コアにポリメチルメタクリレート（PMMA），クラッドにはフッ素樹脂（フル

オロアクリレートなど）を組み合わせたステップインデックス（SI）POFが市場に最も流通している。JIS C 6837（全プラスチックマルチモード光ファイバ素線）に記載されている構造パラメータを**表 4.2**に示す。このうち，光ファイバ外径 1 000 μm の PSI-980/1000 が最も普及している。また，通信用途のために伝送帯域を向上させたグレーデッドインデックス（GI）POF や，低損失化のために全フッ素樹脂化した POF などが市販されている。

表 4.2 JIS C 6837（全プラスチックマルチモード光ファイバ素線）の構造パラメータ

項　　目	形　　名		
	PSI-485/500	PSI-735/750	PSI-980/1000
損　　失〔dB/m〕	0.30 以下		
コ ア 径〔μm〕	485*	735*	980*
クラッド径〔μm〕	500±30	750±45	1 000±60
NA	0.5±0.15		

［注］* コア径は公称値としてクラッド径に対し 15〜20 μm 小さいものとする。

主要な用途としてまず照明，ディスプレイが上げられる。通信用途には，石英系光ファイバと比較して 2〜4 けたほど光損失が大きいため，もっぱら小距離伝送のデータバス配線かホームエレクトロニクス配線である。特に，後者のための規格である IEEE 1394 では POF を伝送媒体として採用することが可能であり，その普及と活用が期待されている。

4.1.2　伝搬モードによる分類

石英系光ファイバの基本構造を**図 4.1**に示す。標準クラッド外径 125 μm までが石英ガラスで，その外側には光ファイバを保護するためのプラスチック被覆が標準外径 250 μm まで施される。この外径までの状態を**素線**という。ちょうど髪の毛ほどの細さである。被覆には透明色が多いが，識別のために色付けされたものもある。ハンドリングのしやすさを向上させるために，さらにナイロン被覆などをして外径 0.9 mm とした光ファイバがあり，この状態のものを**心線**と呼ぶ。プラスチック被覆の屈折率は，光ファイバのクラッド内を伝搬

4. 光ファイバ

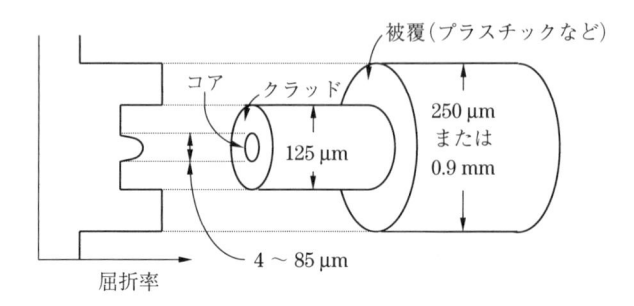

図 4.1 光ファイバの基本構造

する不要モード（クラッドモードとも呼ぶ）を除去するため 1.5～1.6 と石英ガラスの屈折率 1.45 より高くしてある。不要モード除去は光ファイバ被覆の重要な役目の一つである。

伝搬モードを中心に光ファイバを分類すると**表 4.3**のようになる。多くの伝搬モードをもつ**多モード光ファイバ**（multi-mode optical fibers：JIS C 6820 シリーズではマルチモード光ファイバと呼ぶ），伝搬モードを一つにして広帯域化した**単一モード光ファイバ**（single-mode optical fibers：JIS C 6820 シリーズではシングルモード光ファイバと呼ぶ），および周期的に配列された空孔がクラッドとしてはたらく**フォトニック結晶光ファイバ**（photonic crystal fibers：PCF）である。

表 4.3 伝搬モードによる光ファイバの分類

伝搬モード	屈折率分布/機能		
多モード光ファイバ	SI 形（ステップインデックス形）		
	GI 形（グレーデッドインデックス形）		
単一モード光ファイバ	1 310 nm ゼロ分散形（標準光ファイバ）		
	分散制御形	1 550 nm 分散シフト形	
		1 550 nm 分散フラット形	
		ノンゼロ分散シフト形	
		分散補償形	
	偏波保持形		
フォトニック結晶光ファイバ			

4.1 光ファイバの分類

多モード光ファイバは，屈折率分布形状から**ステップインデックス形（SI形と呼ぶ）**と**グレーデッドインデックス形（GI形）**に分類される。GI形は伝搬モードの違いによる遅延時間を抑えるため屈折率分布形状を2乗分布としたもので，SI形よりも2けた程度帯域が広い。この内容は，すでに光パルスの広がりとして2.3節で説明している。屈折率分布形状，伝搬の様子，および帯域をまとめて**表4.4**に示す。なお，石英系光ファイバでは製造上，GI形のほうが製作しやすいため，SI形は市販されていない。SI形はプラスチック光ファイバで入手できるのみである。

表 4.4 光ファイバの屈折率分布と帯域特性

分類		屈折率分布	伝搬の様子	帯域
多モード光ファイバ	ステップインデックス形（SI形）	125 μm, 2a, Δ, n	モードごとに伝搬角度が異なり光パルスの広がりが大きい	10〜40 〔MHz・km〕
	グレーデッドインデックス形（GI形）	125 μm, 2a, Δ, n	2乗分布屈折率により伝搬時間差が抑えられる	500〜1 000 〔MHz・km〕
光単一モードファイバ		125 μm, 2a, Δ, n	伝搬するモードが一つであるためモードによる伝搬時間差はない。波長分散のみが光パルス広がりの原因である	100〜 〔GHz・km〕

市場に流通しているGI形多モード光ファイバはおもに2種類で，その構造パラメータを**表4.5**に示す。JIS C 6832（石英系マルチモード光ファイバ素線）からの抜粋であり，SGI-50/125という品名は石英系（silica）GI形でコア径50 μm，クラッド径125 μmの光ファイバという意味である。NAは，光ファイバからの出射光角度より実測して求めるNAに対する規格である。最

表 4.5 おもな GI 形多モード光ファイバの構造パラメータ

項　　目	SGI-50/125	SGI-62.5/125	備　　考
コ　ア　径　〔μm〕	50±3	62.5±3	
クラッド径　〔μm〕	125±3	125±3	
NA	0.20±0.02	0.275±0.015	実測値規格
最大理論 NA	0.21±0.02	0.29±0.03	Δ より計算され
(Δ〔%〕)	(Δ=1.0%)	(Δ=2.0%)	る理論値

大理論 NA とはコア-クラッド間の比屈折率差Δから計算される NA という定義であるため，実際にはΔに対する規格値である。出射角度が大きい高次モードは，損失が大きく1〜2mの短尺な光ファイバにおいても伝搬モードで実測されない。したがって，NA の実測値はつねに理論値より小さい。

これら GI 形光ファイバは光 LAN への適用を目的としたビル内およびキャンパス配線に利用されているが，年々適用領域が狭められている。単一モード光ファイバに対する技術と適用が拡大し，周辺技術と価格面から単一モード光ファイバのほうが使いやすくなってきたためである。

4.1.3　単一モード光ファイバの分類

単一モード光ファイバは，基本モードのみを伝搬可能とした構造の光ファイバで，モード間の遅延時間差を生じないため理想的な広帯域伝送路が実現でき，長距離大容量光通信システムに広く利用されている。アクセス系光回線から基幹通信路網，大陸横断海底光通信システムまで通信事業会社のすべての光回線に用いられている。しかしながら，個々の伝送路の要求条件に対して最適となるように対応すると，モードを一つしかもたない単一モード光ファイバといえども多くの種類を必要とするようになった。要求条件の項目は，波長分散，実効コア断面積，損失などである。このうち波長分散が最も重要な要求条件であり，この要求内容により分類する。

表 4.6 におもな単一モード光ファイバの種類を示す。これ以外に3,4種存在するが，表の種類とほぼ同様な目的で使用されるものなので省略する。

波長分散についてはすでに3.3.2項で説明しているが，狭義の波長分散とは

4.1 光ファイバの分類

表 4.6 おもな単一モード光ファイバの種類

名　　称	略　　称	屈折率分布	内　　容
1 310 nm ゼロ分散光ファイバ (1 310 nm zero dispersion OF*) または (standard OF*)	SMF または SSF	ステップ形	ゼロ分散波長範囲が 1 300〜1 324 nm の最も標準的な単一モード光ファイバ
1 550 nm 分散シフト光ファイバ (1 550 nm dispersion shifted OF*)	DSF	階段形, セグメント形など	ゼロ分散波長を 1 550 nm 付近にシフトさせた光ファイバ
1 550 nm 分散フラット光ファイバ (1 550 nm dispersion flattened OF*)	DFF	W 形, 三重クラッドなど	1 310〜1 600 nm の範囲で分散値を ≦3.5 ps/nm・km とした
ノンゼロ分散シフト光ファイバ (non-zero dispersion shifted OF*)	NZDSF	階段形, セグメントなど	1 550 nm 付近でわずかな分散値 (≦±6 ps/nm・km) をもつ
分散補償光ファイバ (dispersion compensating OF*)	DCF	W 形, 三重クラッドなど	1 500〜1 600 nm の範囲での分散値を相殺する分散をもつ

［注］* OF は optical fibers の略

km 当りの群遅延時間をさらに単位波長で割った値のことをいう。単位には ps/nm・km を用いる。これは，図 4.2 に示すように，1 nm だけ離れた波長をもつ二つの光パルスが，光ファイバ中を 1 km 伝搬したときに生じる遅延時間差をピコ秒 (ps) 単位で測定したときの値に相当する。

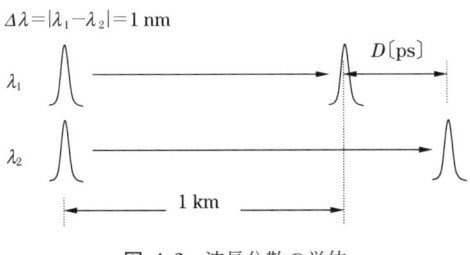

図 4.2　波長分散の単位

各種単一モード光ファイバの波長分散をまとめて図 4.3 に示す。図 3.25 と式 (3.91) により求めた純粋石英の材料分散の値を図の点線で示す。材料分散は，波長 1 272 nm でゼロ分散となり，長波長になるほど大きくなる。1 310

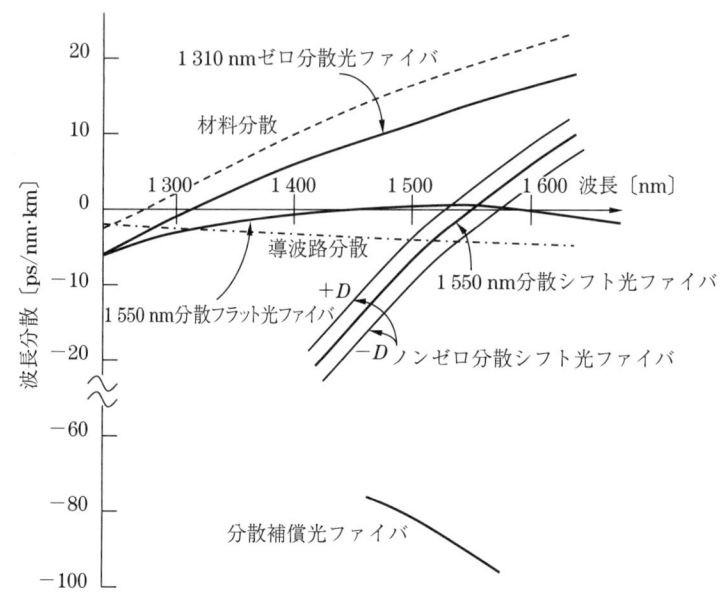

図 4.3 各種単一モード光ファイバにおける波長分散

nmゼロ分散光ファイバとはコア径 8～10 μm，比屈折率差 0.3% 程度の SI 形屈折率分布をもつ最も単純な単一モード光ファイバであり，その導波路分散の計算値を同じく図 4.3 の 1 点鎖線で示す．図示した波長帯では負の値であるため，材料分散との合計である波長分散は図に示すように，1 310 nm でゼロ分散となる右肩上がりの特性となる．

表 4.7 に各単一モード光ファイバの屈折率分布を示す．1 310 nm ゼロ分散

表 4.7 単一モード光ファイバの屈折率分布

項　目	ステップ形	階段形	W　形	三重クラッド形
屈折率分布				
適用光ファイバ	SMF	DSF, NZDSF	DFF, DCF	DFF, DCF
最大 Δ 〔%〕	～0.35	～0.8	～1.2	～1.2
モードフィールド径　〔μm〕	8.6～9.5 (1 310 nm にて)	7.8～8.5 (1 550 nm にて)	—	—

光ファイバの屈折率分布は SI 形であり，構造が単純であるため製造性がよく大量生産に適している。銅線とほぼ同じ価格で入手できるので最も普及している光ファイバである。光ファイバ損失の第2の窓である 1 310 nm 付近でゼロ分散となるため，使用波長は当然 1 310 nm 付近が一般的であるが，この波長での光ファイバ損失は最も低くて 0.34 dB/km であり，1 550 nm の 0.19 dB/km より 0.15 dB/km 高い。したがって，設備量が多いアクセス系光回線から都市内通信網までのような短・中距離伝送システムに用いられる。なお，表 4.7 における**モードフィールド径**とは，光パワー分布の広がり幅のことであり，4.3 節で解説する。また，この径の値は JIS C 6835（石英系シングルモード光ファイバ素線）より引用した。

　1 310 nm ゼロ分散光ファイバを標準的な単一モード光ファイバという意味で **SMF**（single-mode fibers）または **SSF**（standard single-mode fibers）と呼べば，表 4.6 にあるそれ以外の光ファイバは，導波路分散を制御することにより波長分散設計をしているという意味で分散制御形光ファイバということができる。まず，導波路分散を負の方向に大きくしてゼロ分散となる波長を光ファイバが最低損失になる 1 550 nm 帯にシフトした光ファイバが **1 550 nm 分散シフト光ファイバ**（DSF）である。コア屈折率を高くしコア径を細くすれば導波路分散を負に大きくできるが，モードフィールド径が小さくなり光ファイバ接続の際に問題となる。このため，コア屈折率のすそを広げて階段形とすることにより光パワー分布を広げ，この欠点を緩和している。

　導波路分散をさらに制御して，1 310〜1 600 nm の広い波長範囲にわたって ± 3.5 ps/nm·km 以下の波長分散を実現した光ファイバが **1 550 nm 分散フラット光ファイバ**（DFF）である。この導波路分散制御のためにコアの外周に屈折率をクラッドより低くした層をもつ。この光ファイバの分散特性は，広い波長範囲で波長多重伝送する光通信システムにとって理想的であるが，精巧な構造制御が必要で，製造上の難しさが残っていることと，非線形光学効果による光漏話の問題を抑えるためには，波長多重伝送にとってある程度の分散値が必要であることなどが判明して，いまだ実用には供していない。

非線形光学効果とは，強い電界強度のため波長の異なる光信号がたがいに光パワーを交換する現象で，特に波長多重伝送では信号漏話の原因となる。異なる波長の光信号が同じ速度で光ファイバ中を伝搬するとき最もこの光パワー交換が大きいので，わずかに速度を変える，すなわち，わずかに分散値をもたせるようにした光ファイバが，**ノンゼロ分散シフト光ファイバ**（NZDSF）である。DSF よりプラス側に分散値をもつもの（+D）とマイナス側にもつもの（−D）とがある。

この非線形光学効果はプラス・マイナス逆方向に大きな分散値をもつものを

ひとロメモ

非線形光学効果

線形とは，変数 X と Y が，図 4.4 に示すように
$$Y = aX \quad (a \text{ は比例定数})$$
の関係にあることをいい，非線形とは変数 X と Y が上式から外れる関係となることをいう。

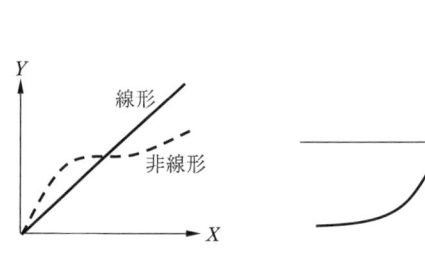

図 4.4 線形と非線形　　　図 4.5 電界と電束密度

誘電体媒質においては，式 (3.5) のように，電界 E と電束密度 D は比例関係にあるとしてきたが，電界 E が非常に強い場合には

$$D = \varepsilon E + \varepsilon_3 E^3 + \cdots \tag{4.1}$$

となる。すなわち，図 4.5 に示すように，電束密度 D は電界 E に比例できず飽和する。このことにより生じる現象を非線形光学効果と呼ぶ。

例えば，式 (4.1) の右辺第 2 項は，三つの電界が結合して電束密度 D を形成することを意味する。合計四つの電界はおたがいに結合して，おたがいの強度に変化を与える。この現象を**四光波混合**（four wave mixing）という。

接続することによっても抑えることができる。例えば，すでに布設されているSMFケーブルに逆の分散値をもつ光ファイバを接続すれば，1550 nm 帯での分散を抑えかつ非線形光学効果を抑えることができる。この目的のため利用されるものが**分散補償光ファイバ**（DCF）である。図4.3に示したように，1550 nm 帯で -80 ps/nm·km の大きな逆分散値をもつため，既設伝送路を波長多重用大容量伝送路へと化けさせることができる。

4.1.4 特殊光ファイバ

偏波保持光ファイバ（polarization maintaining optical fibers：PMF）とフォトニック結晶光ファイバを最後に説明する。ともに伝搬原理がいままで説明した内容と異なり，また特殊な目的に利用されている。

（1）**偏波保持光ファイバ**　平面光導波路における基本モードには，3.2節で求めたように，TEモードとTMモードの偏光方向の異なる二つのモードが存在した。光ファイバにおいても同様に，単一モードといえども偏光方向が直交する二つのモードが存在する。真円な光ファイバでは二つのモードの性質は偏光方向を除いてまったく同じであるため一つのモードしかないとして問題がない。しかしながら，わずかに真円からずれた光ファイバや側圧を加えられた光ファイバでは，二つのモードの違いが顕在化して信号伝送上にさまざまな悪影響を及ぼす。例えば，二つのモードで遅延時間の差が生じ光パルスの広がりの原因となるという現象がある。これは**偏波モード分散**（polarization mode dispersion）といい，モード分散の一つである。また，ほぼ真円な光ファイバではわずかな側圧により偏光方向が変化し，布設ケーブルの場合には風が吹いたり温度が変わるだけで偏光方向がランダムに変動する。

偏波保持光ファイバは，光ファイバを伝搬する光の偏光方向を保持する機能をもった光ファイバである。図4.6に，偏波保持光ファイバの代表例である**PANDA**（polarization-maintaining and absorption-reducing）ファイバの断面構造を示す。コアの両脇に酸化ボロン（B_2O_3）など熱膨張係数が大きい添加剤を混入した応力付与部を配置し，x 方向の屈折率 n_x と y 方向の屈折率

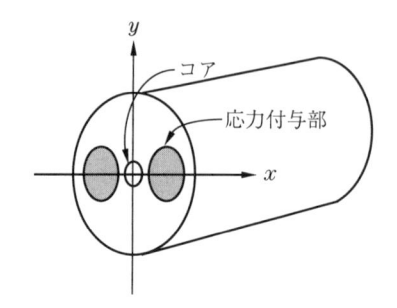

図 4.6 PANDA ファイバの断面構造

n_y とを 10^{-4} 程度変化させている。大きな応力による屈折率異方性をコアにもたせることによって，x 方向（y 方向）に偏光をもつ光がわずかな応力により y 方向（x 方向）に偏光の変化を受けることを防いでいる。

偏波保持光ファイバは，当初信号伝送を目的に開発されたが，現在は偏光状態を利用したセンサや光ファイバ部品に利用されている。

（2）**フォトニック結晶光ファイバ**　フォトニック結晶光ファイバは，周期的に配列された空孔とその周期性を破る欠陥が長手方向に配置された構造をもつ。結晶に電子の禁制帯があるように，空孔の周期的配列により伝搬可能な光の波長と伝搬定数の範囲には禁止された領域が生じる。この禁止領域をクラッドに利用して周期構造上の欠陥となる部分をコアとすれば，コアから出ようとする光はクラッドを伝搬できないため反射され，結局，光の閉じ込めが実現できる。この原理によればコアを中空とすることができる。

この光ファイバから発展して，周期的な空孔からの周期的な反射を得て全体としては全反射となるようにクラッドを形成し，コアは従来どおりガラスで充てんさせた光ファイバを**ホーリーファイバ**(holey fibers)と呼ぶ。全反射を導波原理とすることは他の光ファイバと原理が同じであり，製造と応用が比較的容易なので実用にはこの光ファイバのほうが有望である。**図 4.7** にホーリーファイバの断面構造例を示す。光ファイバには直径 d，周期 Λ の空孔が配列されているが，光ファイバ中心には空孔がなく，この場所をコアとしている。

ホーリーファイバは，クラッドが空孔であることからコア-クラッド間の比屈折率差をほかの光ファイバより 1 けた大きくとることができ，光を狭いコア

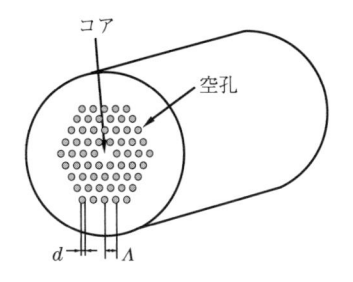

図 4.7 ホーリーファイバの断面構造

に閉じ込めることができる。このため，大きな非線形光学効果，大きな波長分散，小さな曲がり損失など，ほかの光ファイバにはみられない特徴をもち，その応用範囲に大きな期待がかけられている。

4.2 伝 搬 モ ー ド

4.2.1 平面光導波路との違い

光ファイバの伝搬モードについて，3.2節で説明した平面光導波路の伝搬モードとの違いから説明する。光ファイバの屈折率分布として，図 4.8 に示すように，最も簡単な SI 形を考える。図 3.11 の平面光導波路との違いは，文字どおり導波路が平面状か円筒状かというだけである。この違いにより，光ファイバの伝搬モードは平面光導波路にない二つの特徴をもつ。

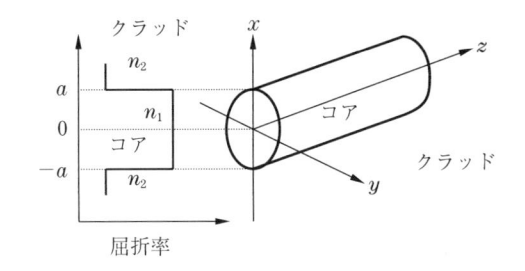

図 4.8 SI 形光ファイバ

一つ目は電界方向によるモードの違いである。平面光導波路の TE モードは，平面と平行な電界成分のみもち，垂直および伝搬軸方向成分は磁界のみである。TM モードは逆に，平面と平行な磁界成分と，垂直および軸方向の電

界成分をもつ．したがって，**図4.9**（a）のように，TEモードとTMモードにはその電界が平面と平行か垂直かという明らかな違いがある．実際，波動方程式の解では固有値方程式および電磁界の強度に $(n_1/n_2)^2$ 倍の違いがある．

（a）平面光導波路の基本モード　　（b）光ファイバの基本モード

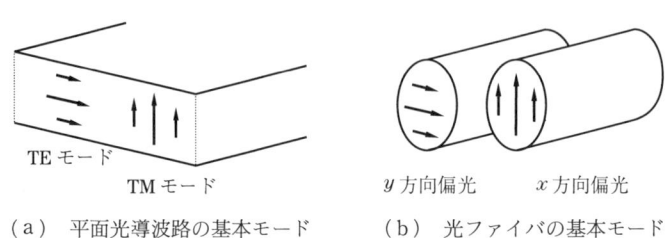

図 4.9 平面光導波路と光ファイバにおける偏光

ところが，光ファイバは円筒形であるため，電磁界にとって x 方向と y 方向とを区別するものはない．モードにとって電界が x 方向に向くか y 方向に向くかのみの違いがあるだけでそれ以外の性質はまったく同じということになる．図（b）には，光ファイバの基本モードを例にして，その x 方向偏光と y 方向偏光，すなわちおたがいに偏光方向が直交している場合を示す．この結果，TEモードとTMモードを合成した電磁界分布をもつモードが存在し，そのモード群を**ハイブリッドモード**（hybrid mode）と呼ぶ．ハイブリッドモードは，電界，磁界ともに x, y, および z 方向の3成分をもつ．

二つ目は，斜め光線の存在である．3章までの平面光導波路におけるモードの説明では，光線は導波路中心軸を必ず通過している．光ファイバにおいてファイバ中心軸を通る光線を**子午光線**（meridional rays）と呼び，この光線よりなるモードの性質は平面光導波路の近似で説明できる．

光ファイバでは，中心軸を通過しないで長手方向に伝搬する光が存在し，その例を**図4.10**（a）の子午光線と比較して図（b）に示す．コア-クラッド境界をつねに斜めに反射するので中心軸を通過しない．これを**斜め光線**（skew rays）と呼ぶ．斜め光線よりなるモードは，コア周辺に花弁のような電磁界分布をもち，ファイバ中心では節となる．したがって，高次モードであり，光ファイバでは平面光導波路よりこの斜め光線の分だけモード数が多い．平面光導

4.2 伝搬モード

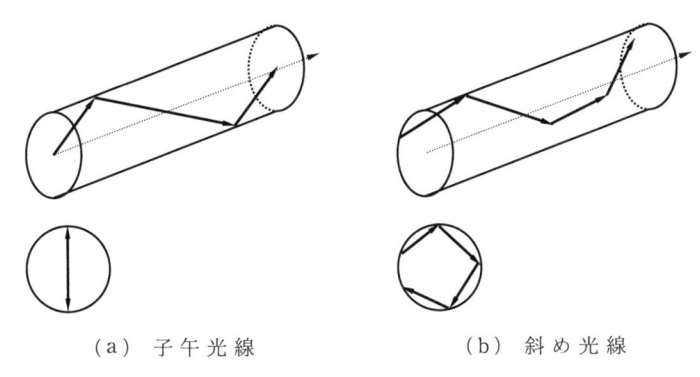

(a) 子午光線　　　　　　(b) 斜め光線

図 4.10　光ファイバ中の光線軌跡

波路におけるモード数 M は V 値に比例する（3章の章末問題【4】参照）のに対して，光ファイバでは次式のように V 値の2乗に比例する。

$$M \approx \frac{1}{2} V^2 \tag{4.2}$$

例 4.1　伝搬可能なモード数の計算

（1）　$2a = 50\ \mu\mathrm{m}$，$\mathrm{NA} = 0.21$，および $\lambda_0 = 1.3\ \mu\mathrm{m}$ 場合

$$\frac{1}{2}\left(\frac{\pi \times 2a}{\lambda_0}\mathrm{NA}\right)^2 = 0.5\left(\frac{\pi \times 50}{1.3} \times 0.21\right)^2 = 322$$

より，伝搬可能なモード数は 322 個である。

（2）　$2a = 62.5\ \mu\mathrm{m}$，$\varDelta = 2.0\ \%$，$n_1 = 1.45$，および $\lambda_0 = 1.3\ \mu\mathrm{m}$ 場合

$$\frac{1}{2}\left(\frac{\pi \times 2a}{\lambda_0}n_1\sqrt{2\varDelta}\right)^2 = 0.5\left(\frac{\pi \times 62.5}{1.3} \times 1.45\sqrt{2 \times 0.02}\right)^2 = 959$$

より，伝搬可能なモード数は 959 個である。

4.2.2　LP モード

光ファイバにおけるモード解析は多くの教科書に記述されているので，ここでは結果と解析の結果得られるモードの特性のみを述べる。解析方法の詳細は巻末の参考文献 1)，7) または 11) を参照すること。

光ファイバでのモード解析には，**図 4.11** に示すように，ファイバ形状に合った円筒座標系（r, θ, z）を採用する。伝搬軸は z で同じであるが，直交座

94   4. 光ファイバ

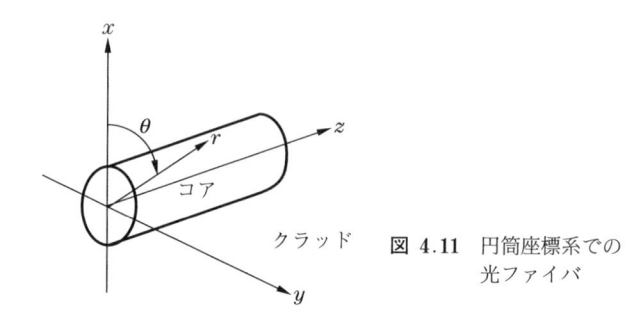

図 4.11　円筒座標系での光ファイバ

標系 (x, y, z) とは

$$x = r\cos\theta, \text{ および } y = r\sin\theta \tag{4.3}$$

の関係がある。図 4.8 のような SI 形の場合，屈折率は

$$\begin{aligned}n(r) &= n_1 \quad (0 \leq r \leq a \text{ のとき}) \\ &= n_2 \quad (r > a \text{ のとき})\end{aligned} \tag{4.4}$$

と書き表せる。

　さて，ここで電磁界分布を簡単にするため一つの近似を用いる。それは，コア-クラッド間の比屈折率差が 1 より十分小さいときに成り立つ**弱導波近似** (weakly-guiding approximation) といわれるものである。石英系光ファイバの場合，$\varDelta$ は最大でも 2 % ($=0.02$) 程度であるため，この近似条件の範囲内である。平面光導波路における TE モードと TM モードの電磁界強度の差は $(n_1/n_2)^2$ であることを 4.2.1 項で述べたが，弱導波近似とはこの差を $(n_1/n_2)^2 \cong 1$ として無視することを意味する。偏光方向によるモードの違いを無視できるので，同じ伝搬定数をもつ複数のモードの電磁界分布を直線偏光に合成し直すことができる。この合成し直したモード群を **LP モード** (linearly polarized modes) と呼ぶ。LP モードにおける y 方向偏光の電磁界は

$$\begin{aligned}E_y &= A\frac{J_\nu(\kappa r)}{J_\nu(\kappa a)}\cos(\nu\theta) \quad (0 \leq r \leq a \text{ のとき}) \\ &= A\frac{K_\nu(\gamma r)}{K_\nu(\gamma a)}\cos(\nu\theta) \quad (r > a \text{ のとき})\end{aligned} \tag{4.5}$$

ひとロメモ

ベッセル関数は cos 関数と考えよう

ベッセル関数と変形ベッセル関数は，$x \to \infty$ のとき

$$J_\nu(x) \to \sqrt{\frac{2}{\pi x}} \cos\left[x - \frac{(2\nu+1)\pi}{4}\right]$$

$$K_\nu(x) \to \sqrt{\frac{\pi}{2x}} e^{-x}$$

と近似され，以上の式から，平面光導波路での電磁界と光ファイバでの電磁界との類似性が推測される。コア内での電界の形は，平面導波路では $\cos(\kappa x)$，光ファイバでは $J(\kappa x)$ である。図 4.12 に示すように，x 線上でのトータル光パワーがほぼ等しいとして，円周の $2\pi x$ を掛け

$$|2\cos(\kappa x)|^2 \approx 2\pi x |J(\kappa x)|^2$$

とおくと，下式を得る。

$$J(\kappa x) \approx \sqrt{\frac{2}{\pi x}} \cos(\kappa x)$$

同様に

$$|\pi e^{-\gamma x}|^2 \approx 2\pi x |K(\gamma x)|^2$$

とおくと，下式を得る。

$$K(\gamma x) \approx \sqrt{\frac{\pi}{2x}} e^{-\gamma x}$$

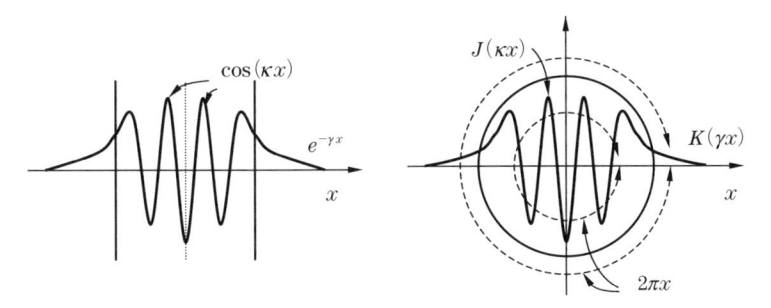

図 4.12 光導波路での cos 関数とベッセル関数

これらの関係より，ベッセル関数と変形ベッセル関数で表される光ファイバでの電磁界分布は，平面光導波路での 1 次元電磁界分布を 2 次元での円筒座標で表したものに近似されると推測できる。ベッセル関数のような特殊関数は cos/sin 関数のような簡単な関数に置き換えて考察したほうがわかりやすい。

$$H_x = n_1\sqrt{\frac{\varepsilon_0}{\mu_0}}E_y \quad (0 \leq r \leq a \text{ のとき})$$
$$= n_2\sqrt{\frac{\varepsilon_0}{\mu_0}}E_y \quad (r > a \text{ のとき}) \tag{4.6}$$

$$E_x = H_y = 0 \tag{4.7}$$

と求められる。ここで，A は比例定数であり

$$\kappa = \sqrt{k_0{}^2 n_1{}^2 - \beta^2}, \quad \gamma = \sqrt{\beta^2 - k_0{}^2 n_2{}^2}, \quad \text{および} \tag{4.8}$$

$$V \equiv \sqrt{(\kappa a)^2 + (\gamma a)^2} = \frac{2\pi}{\lambda_0} an_1\sqrt{2\Delta} \tag{4.9}$$

は平面光導波路における式（3.43）〜（3.48）の関係と同じである。また，J_ν と K_ν はそれぞれ ν 次の第1種ベッセル（Bessel）関数と第2種変形ベッセル関数であり，その関数形を図 **4.13** に示す。ベッセル関数は波動的な振る舞いをする関数であり，変形ベッセル関数は減衰する関数である。

固有値方程式は，コア-クラッド境界における電磁界の連続性より

$$\frac{\kappa J_{\nu\pm1}(\kappa a)}{J_\nu(\kappa a)} = \pm\frac{\gamma K_{\nu\pm1}(\gamma a)}{K_\nu(\gamma a)} \quad \text{（複号同順）} \tag{4.10}$$

と求まる。モードのカットオフ条件は，平面光導波路と同様，$\gamma \to 0$ となる極限での V 値で表されるため，式（4.10）より次式となる。

$$J_{\nu\pm1}(V_c) = 0 \tag{4.11}$$

式（4.11）の解と ν の値よりモード名が定義されており，LP$_{\nu\mu}$ モードと表される。ν は円周（θ）方向における節の数を，μ は式（4.11）において 0 より数えて μ 番目の解を示し，$(\mu-1)$ が径（r）方向での節の数に相当する。したがって，基本モードは LP$_{01}$ モードと表され，その固有値方程式は

$$\frac{\kappa J_1(\kappa a)}{J_0(\kappa a)} = \frac{\gamma K_1(\gamma a)}{K_0(\gamma a)} \tag{4.12}$$

となる。ここで，ベッセル関数における $J_{-1} = -J_1$ と $K_{-1} = K_1$ の関係を用いた。1次の高次モードは LP$_{11}$ モードであり，そのカットオフ条件は

$$J_0(V_c) = 0 \tag{4.13}$$

の解として求められる。図 4.13（a）での $J_0(x)$ より，式（4.13）は

(a) $J_0(x), J_1(x), J_2(x), J_3(x)$

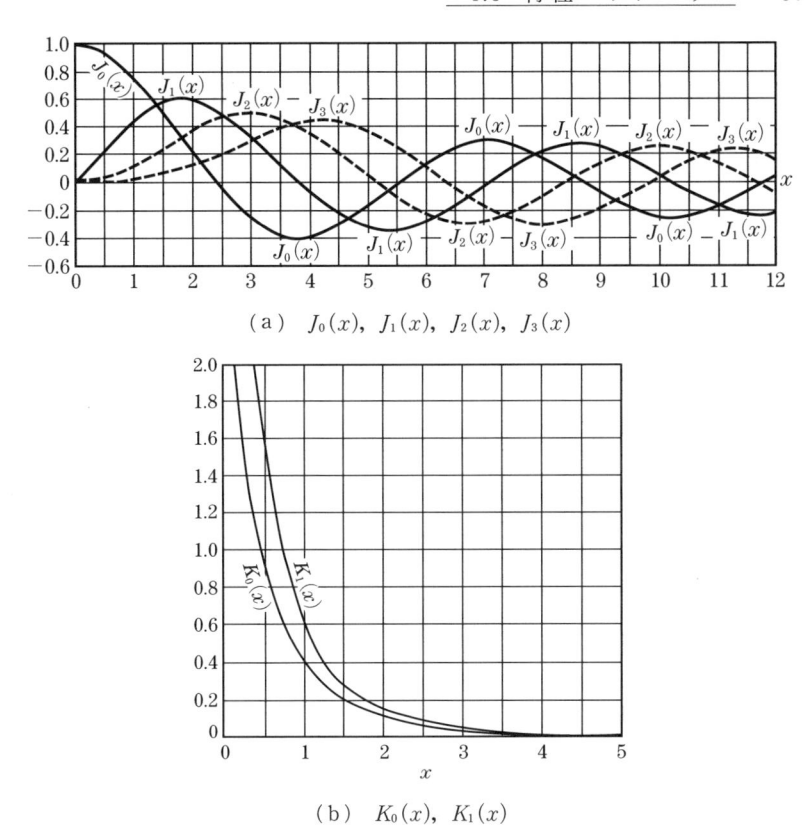

(b) $K_0(x), K_1(x)$

図 4.13 第1種ベッセル関数と第2種変形ベッセル関数の形

$$V_c \equiv \frac{2\pi}{\lambda_c} a n_1 \sqrt{2\Delta} = 2.405 \tag{4.14}$$

で最小の解をもつ。式 (4.14) が LP_{11} モードのカットオフ条件であり，λ_c はカットオフ波長である。

4.3 特性パラメータ

本節では，基本モードである LP_{01} モードの特徴となる三つの特性パラメータについて述べる。いずれも単一モード光ファイバの設計には重要である。

4.3.1 実効カットオフ波長

1次の高次モードであるLP$_{11}$モードのカットオフ波長は式 (4.14) より

$$\lambda_c = \frac{2\pi}{2.405} an_1 \sqrt{2\varDelta} \tag{4.15}$$

となる。平面光導波路におけるカットオフ波長は式 (3.69) で表されるので，比較すると，光ファイバのカットオフ波長は平面光導波路のそれより約0.65倍短波長側にある。2次元的に光を閉じ込める効果である。

このカットオフ波長より，長波長側が基本モードのみが伝搬する単一モード領域である。カットオフ近傍にあるLP$_{11}$モードは，その光パワー分布がクラッド部に広がるため曲がりなどのわずかな不完全性により大きな損失を受け，2～3mの短尺な光ファイバでも実際上伝搬できない。光ファイバで実測すると，式 (4.15) の理論値より短波長側にシフトしている。そこでこの実測されるカットオフ波長を**実効カットオフ波長**（effective cut-off wavelength）と呼ぶ。実際の光ファイバでは，この波長までを単一モード領域であるとしてシステムを構成しても問題とはならない。

実効カットオフ波長は測定方法により多少変化するため，JIS C 6825（シングルモード光ファイバ構造パラメータ試験方法）でその測定法が定義されている。**図 4.14** にその測定法と測定結果を示す。測定手順はつぎのとおりである。まず，長さ2mの光ファイバを半径140mmのマンドレルに緩く巻き付け，白色光源からの光を分光器により分光して入射し波長ごとに出力光を測定する。つぎに光ファイバを半径30mmに曲げて同様な測定を繰り返す。波長ごとの出力光の比をdBで表すと図 (b) のような結果を得る。長波長側にLP$_{01}$モードの曲がりによる損失がみえるが，より短波長側に山形となった損失が現れる。半径140mmの緩やかな曲がりでは伝搬するLP$_{11}$モードが，半径30mmの曲がりで損失となるため発生するものである。したがって，LP$_{11}$モードが伝搬するため生じる結果であり，その損失が0.1dB立ち上がった波長を実効カットオフ波長λ_{ce}と定義する。この実効カットオフ波長は，式 (4.15) の計算によって求められるカットオフ波長と

4.3 特性パラメータ　99

(a) 測定系

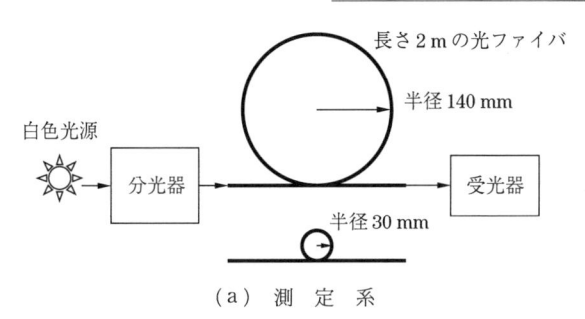

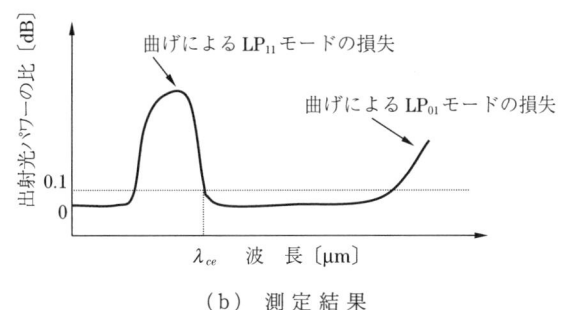

(b) 測定結果

図 4.14　曲げ法による実効カットオフ測定法と測定結果

$$C = \frac{\lambda_c}{\lambda_{ce}} \tag{4.16}$$

の比例関係があることが経験的に知られている。光ファイバを設計する際には，$C = 1.2$ がよく利用される。

例 4.2　実効カットオフ波長の計算

(1) $2a = 9\,\mu\text{m}$，$\Delta = 0.3\,\%$，および $n_1 = 1.45$ では

$$\lambda_{ce} = \frac{\lambda_c}{C} = \frac{\pi}{2.405 C} \times 2an_1\sqrt{2\Delta} = \frac{\pi \times 9 \times 1.45}{2.405 \times 1.2} \times \sqrt{2 \times 0.0035} = 1.19\,\mu\text{m}$$

(2) $2a = 7\,\mu\text{m}$，$\Delta = 0.8\,\%$，および $n_1 = 1.45$ では

$$\lambda_{ce} = \frac{\pi}{2.405 C} \times 2an_1\sqrt{2\Delta} = \frac{\pi \times 7 \times 1.45}{2.405 \times 1.2} \times \sqrt{2 \times 0.008} = 1.40\,\mu\text{m}$$

となる。

4.3.2 モードフィールド直径

LP_{01} モードの電界分布は,式(4.4)より

$$E(r) = A\frac{J_0(\kappa r)}{J_0(\kappa a)} \quad (0 \leq r \leq a \text{ のとき})$$
$$ = A\frac{K_0(\gamma r)}{K_0(\gamma a)} \quad (r > a \text{ のとき}) \tag{4.17}$$

であり,図 **4.15** に y 方向に直線偏光された LP_{01} モードの電界分布を示す。

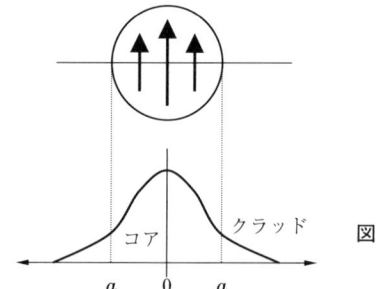

図 4.15 LP_{01} モードの電界分布

図 4.12 のベッセル関数形をみてわかるように,その形は式 (4.18) に示すガウス形の分布形とよく似ている。

$$E(r) = A' e^{-\frac{r^2}{w^2}} \tag{4.18}$$

そこで電界を式 (4.18) に近似して表すことにする。未知のパラメータは A' と w である。A' は式 (4.17) の A と同様任意定数であり,本来は光パワーと関連づけられる。$2w$ は光ビームでは**スポットサイズ**(spot size)といわれているものである。光ファイバの場合,**モードフィールド径**(mode field diameter)と呼び,JIS C 6825 において式 (4.19) で定義されている。

$$2w = 2\sqrt{\frac{2\int_0^\infty E^2(r)r\,dr}{\int_0^\infty \left(\frac{dE(r)}{dr}\right)^2 r\,dr}} \tag{4.19}$$

表 4.6 で示したように,単一モード光ファイバにはさまざまな屈折率分布形が存在するが,そのすべてのモードにガウス形電界分布を当てはめてモードフィールド径を算出する。もちろん,式 (4.19) の $E(r)$ に式 (4.18) を代入す

ると同じ w が得られる。

モードフィールド径は電界分布の広がりを表す目安として光ファイバの設計に利用される。また，電界分布をガウス関数という簡単な関数で近似しているので，レーザと光ファイバとの結合効率や光ファイバどうしの接続損失を推定することに利用される。

例 4.3　軸ずれした光ファイバ間での接続損失

光ファイバの端面どうしを突き合わせ，光パワーをもう一つの光ファイバに移すことを接続という。光ファイバから出射された光をもう一つの光ファイバが受け取ることであるため，コアどうしが完全に合っていないかぎり接続では光の損失が生じる。完全に合わないとは，①コア中心軸のずれ，②コア軸の傾き，③端面間の間隙，④モードフィールド径の不一致，などがある場合であり，これらの原因による接続損失の推定にガウス関数近似は有効である。

いま，四つの原因のうち，実際上は最も大きな問題である①コア軸のずれによる接続損失を考える。図 4.16 に示すように，同じモードフィールド径 $2w$ をもつ2本の光ファイバがコア軸ずれ量 u でその端面を突き合わせているとする。片側の光ファイバ中を伝搬する光パワーを1としたとき，もう一つの光ファイバに結合される光パワー，すなわち，結合効率 η は

$$\eta = e^{-\frac{u^2}{w^2}} \tag{4.20}$$

であることが知られている。このときの接続損失を dB で表すと

$$接続損失 [\mathrm{dB}] = 4.34 \left(\frac{u}{w}\right)^2 \tag{4.21}$$

となる。モードフィールド径が 9 μm の光ファイバどうしを接続すると，軸ずれが 1 μm で 0.21 dB，2 μm で 0.86 dB の損失を生じる。

また，軸ずれによる接続損失を測定することによりモードフィールド径を求めることができ，式 (4.21) はそのための式としても利用される。

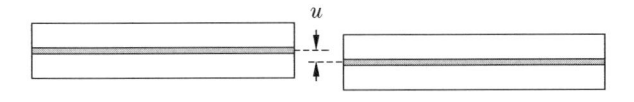

図 4.16　光ファイバの軸ずれによる損失

4.3.3 実効コア断面積

光ファイバにおける非線形光学効果は，伝搬する光の電界 E が非常に強いとき電束密度 D が電界強度に比例しないため生じる現象であることを 4.1 節で述べた。すなわち

$$D = \varepsilon E + \varepsilon_3 E^3 + \cdots \tag{4.22}$$

の右辺 2 項目以下が無視できない場合に生じる。式（4.22）の 3 項目以下を無視し，屈折率に置き換えて書き直すと

$$n = \bar{n}_0 + \bar{n}_2 |E|^2 \tag{4.23}$$

と表すことができる。ここで，コア部とクラッド部の屈折率 n_1，n_2 と区別するため式（4.23）では n_0，n_1 にバーを付けた。式（4.23）は n_1 と n_2 に対して成り立つ。

$|E|^2$ は光のパワー p に比例するので，式（4.23）の 2 項目は光パワーに比例して大きくなる屈折率を表しており，$\bar{n}_2$ を**非線形屈折率係数**という。光パワーの変化に対する屈折率変化量を求めれば係数 $\bar{n}_2$ が求まるはずである。ところが，$|E|^2$ は光ファイバ中のある 1 点 (r, θ, z) における電界強度であるのに対して，実際に測定できる光パワーは光ファイバ全体で伝搬する光パワー，すなわち

$$P(z) = \iint p(r, \theta, z) \, rdrd\theta \propto \iint |E(r, \theta, z)|^2 rdrd\theta \tag{4.24}$$

と，(r, θ, z) 点における微小面積での光パワー $p \propto |E|^2$ を伝搬方向に垂直な平面で積分した形での光パワーである。電界が強いコア中心と弱いコア周辺とでは非線形屈折率が異なる。そこで，式（4.23）の 2 項目に対して，光ファイバにおける光パワー分布で加重平均し非線形屈折率係数を補正した値

$$\frac{\bar{n}_2}{A_{\text{eff}}} = \frac{\iint \bar{n}_2 |E(r, \theta)|^2 |E(r, \theta)|^2 rdrd\theta}{\left[\iint |E(r, \theta)|^2 rdrd\theta \right]^2} \tag{4.25}$$

を非線形係数と呼び，実測可能なこの値の大小を非線形光学効果の目安としている。

4.3 特性パラメータ

A_eff は面積の次元をもつため**実効コア断面積**（effective core area）と呼ばれ，式（4.26）で定義される．

$$A_\text{eff} = 2\pi \frac{\left[\int_0^\infty E^2(r)rdr\right]^2}{\int_0^\infty E^4(r)rdr} \tag{4.26}$$

ここで，電界 E は r のみに依存する実数関数とした．この実効コア断面積は，非線形光学効果に直接影響する電界強度分布の断面積であり，この断面積を大きくすることは非線形光学効果を抑制するために重要である．

ガウス形電界分布の場合，式（4.26）に式（4.18）を代入して

$$A_\text{eff} = \pi w^2 \tag{4.27}$$

を得る．すなわち，図 **4.17** に示すように，直径がモードフィールド径である円の面積と同じとなる．単一モード光ファイバにおけるさまざまな屈折率分布に対しては式（4.27）のような関係に必ずしもなく

$$A_\text{eff} = \chi\pi w^2 \tag{4.28}$$

と補正係数 χ を考慮すると光ファイバ種類により χ は 0.92～1.1 と広く分布する．もちろん，χ を大きくすることは非線形光学効果を抑制するためには重要である．

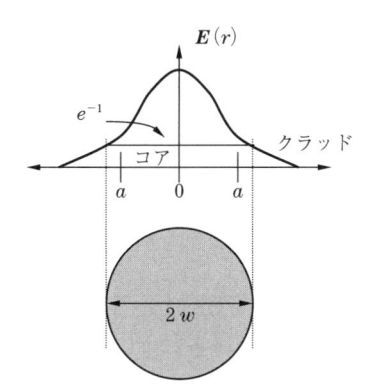

図 **4.17** ガウス形電界分布のコア断面積

章 末 問 題

【1】 プラスチック光ファイバは，どこに，どのように利用されているのか調査せよ。

【2】 SI形およびGI形多モード光ファイバと単一モード光ファイバの伝搬原理を説明し，各光ファイバの伝送帯域を述べよ。

【3】 分散制御形単一モード光ファイバの種類と特徴，および利用目的を述べよ。

【4】 偏波保持光ファイバでは，どのような原理により偏波が保持されるか，またそのための構造上の工夫について述べよ。

【5】 ホーリーファイバにおける伝送特性上の特徴と，その特徴を利用した応用例について述べよ。

【6】 つぎのパラメータをもつ光ファイバのおける伝搬可能なモード数を求めよ。
（1） $2a = 50\,\mu m$，$\Delta = 1.0\,\%$，$n_1 = 1.45$，および $\lambda_0 = 1.55\,\mu m$
（2） $2a = 62.5\,\mu m$，$NA = 0.29$，および $\lambda_0 = 1.55\,\mu m$

【7】 つぎのパラメータをもつ光ファイバのおける実効カットオフ波長を求めよ。
（1） $2a = 10\,\mu m$，および $NA = 0.12$
（2） $2a = 5\,\mu m$，$\Delta = 1.0\,\%$，および $n_1 = 1.45$ では

【8】 式（4.19）の $E(r)$ に式（4.18）を代入して w を求めよ。

【9】 モードフィールド径が $7\,\mu m$ の光ファイバどうしを接続するとする。コア軸ずれが $1\,\mu m$，$2\,\mu m$ である場合，接続損失は何 dB となるか，それぞれを求めよ。

【10】 式（4.27）を求めよ。

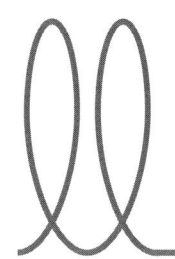

5. 光ファイバケーブル技術

光ファイバ通信システムが実用回線に利用されてから四半世紀が経過した。絶え間のない技術開発のおかげで1本の光ファイバが運ぶ情報量は毎秒当り5けた倍以上に増大する間には，光ファイバそのものとその周辺技術に関しても大きな進歩がある。1000 km長光ファイバとなる大形光ファイバ母材の製造技術，1000心光ファイバケーブル，12心光ファイバ一括接続技術，アクセス系光配線技術などである。

本章では，光ファイバケーブルとその周辺技術を概括的に説明する。多くの人々が光ファイバ通信システムの設計，建設，運用，および保守業務に携わっており，実際的な技術を知ることは研究開発する人々のみならず多くの技術者にとって有益である。

5.1 光ファイバケーブル

5.1.1 光ファイバ製造技術

光ファイバの製造は**光ファイバ母材**の製造から始まる。光ファイバ母材とは，製造予定の光ファイバと相似の屈折率分布をもつ太さ10〜200 mm，長さ50〜200 cmのガラス棒であり，この母材を融点まで加熱し，細く引き伸ばすことにより外径125 μmの光ファイバを作製する。作製できる光ファイバ長から，100 km母材，1000 km母材などと呼ぶ。

おもな母材製造法はつぎの3種類である。

① MCVD (modified chemical vapor deposition：内付けCVD) 法
② OVD (outside vapor-phase deposition：気相外付け) 法

③ VAD（vapor-phase axial deposition：気相軸付け）法

いずれの方法も，主原料である四塩化ケイ素（$SiCl_4$）と屈折率を高める添加剤となる四塩化ゲルマニウム（$GeCl_4$）などを気化して生成場所まで送り，酸化反応により酸化物微粒子を形成させてから，たい積，ガラス化するものである。

図5.1にMCVD法によるガラス膜製造方法を示す。$SiCl_4$，$GeCl_4$などと酸素の混合ガスを回転する高純度石英管に流し，管の外部では酸水素バーナで1 600℃程度に加熱する。管の内部では

$$SiCl_4 + O_2 \rightarrow SiO_2 + 2Cl_2 \tag{5.1}$$

などの熱酸化反応によりSiO_2微粒子が形成され管内壁面にたい積し，引き続き往復運動するバーナの加熱により溶かされて透明なガラスの層となる。必要な厚さまでガラス層をたい積した後，管を2 000℃近くまで加熱して表面張力により収縮させて真ん中の中空部分をなくし，母材とする。

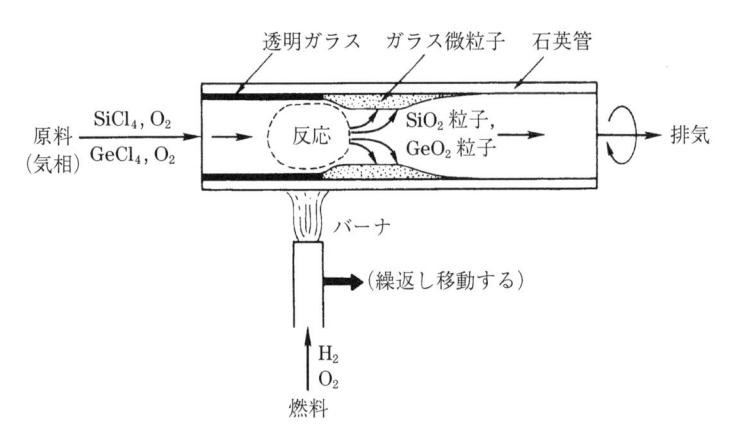

図 5.1　MCVD法によるガラス膜の製造方法

MCVD法では，各層をたい積するときにガラス原料の濃度を変化すれば任意の屈折率分布を精巧に形成することができるため，分散制御形光ファイバのような複雑な屈折率分布をもつ光ファイバの製造に利用される。一方，ガラス層を形成するためバーナを何回も往復させる必要から生産性の問題があり，母

材の大きさが石英管の大きさで決まってしまうなど，大形母材を生産するには難点が多い。

図5.2に**OVD法**による多孔質母材の製造方法を示す。燃焼している酸水素バーナのなかにガラス原料を送り，つぎの火炎加水分解反応で形成されたガラス微粒子を回転する中心棒の外側からたい積させる。

$$SiCl_4 + 2H_2 + O_2 \rightarrow SiO_2 + 4HCl \tag{5.2}$$

たい積されたものは直径1 μm以下のガラス微粒子が固まったすきまだらけの白色ガラス母体であり，これを**多孔質母材**と呼ぶ。この母材から心棒を抜き高温に熱して透明な母材とする。

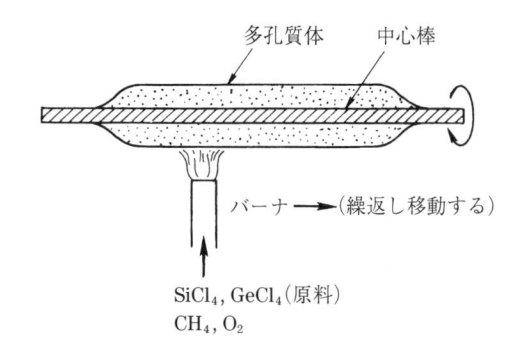

図 5.2 OVD法による多孔質母材の製造方法

OVD法は，MCVD法と同様ガラス原料の濃度を変えることにより屈折率を変化させることができるため，あらゆる光ファイバが作製できる可能性をもっている。また，火炎反応の合成速度は高く母材の大きさを自由に設定できるなど量産技術にも優れている。他方，中心棒の処理と多孔質母材の扱いなどに製造上の複雑さがある。

図5.3に**VAD法**による多孔質母材の製造方法を示す。OVD法と同じく，燃焼している酸水素バーナにガラス原料を送り，火炎加水分解反応で形成されたガラス微粒子をたい積する。OVD法との違いは，多孔質ガラスの形成を母材の横側に行うか縦方向に行うかであり，この差がそれぞれの製法での利点と欠点になっている。VAD法は縦方向に行う方法であるので1 000 km長以上の超大形母材を作製することができ，量産性は格段に優れている。

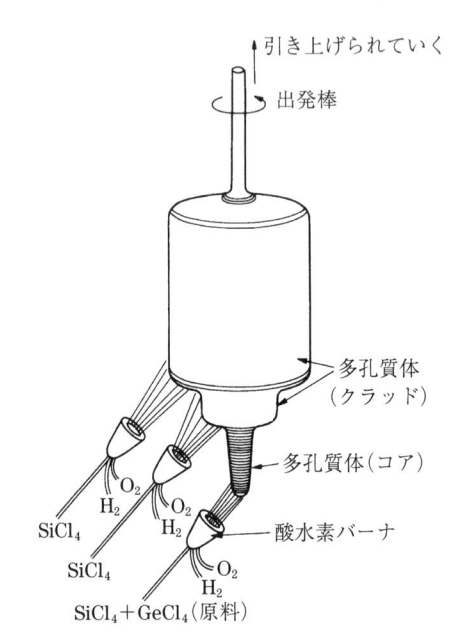

図中ラベル:
- 引き上げられていく
- 出発棒
- 多孔質体（クラッド）
- 多孔質体（コア）
- 酸水素バーナ
- O_2, H_2
- $SiCl_4$
- $SiCl_4 + GeCl_4$（原料）

図 5.3 VAD法による多孔質母材の製造方法

一方，屈折率制御には原料濃度の異なる多数のバーナを用意する必要があるため，複雑な分布形状を形成することはきわめて困難である．図5.3では，単一モード光ファイバ用の多孔質母材をつくる工程を示しており，下側からのコア部をつくる1本のバーナと，横側からのクラッド部を形成する2本のバーナを示している．屈折率変化は各バーナに送られる原料濃度の違いによりつくられる．

このVAD法の応用として，**ロッドインチューブ**（rod-in tube）**法**によう光ファイバの製造も行われている．これは，VAD法により均一屈折率をもつ高純度ガラス棒とガラス管をつくり，棒を管内に挿入して溶着することにより大形母材を作製する製法である．**図5.4**にはロッドインチューブ法による光ファイバ製造の例を示す．コアを純粋石英，クラッドにフッ素添加の低屈折率石英を配した純粋石英コア光ファイバなどの製作に利用されている．

光ファイバ母材の製造のつぎには**線引き**を行う．これは母材から光ファイバ径125 μm，被覆外径250 μmの素線をつくる工程である．**図5.5**にその工程

5.1 光ファイバケーブル

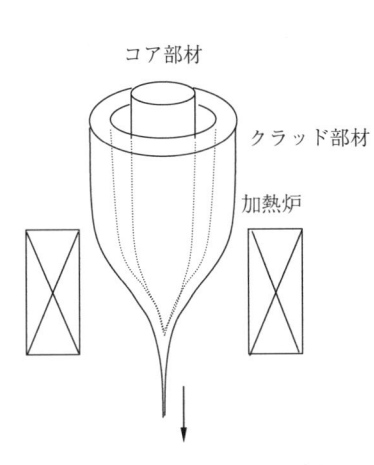

図 5.4 ロッドインチューブ法による光ファイバの製造

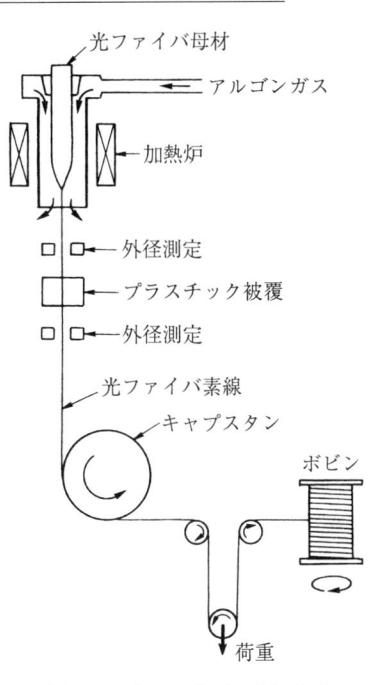

図 5.5 光ファイバ線引き工程

を示す．光ファイバ母材の先端を 2 000°C 以上に加熱し，軟化した部分を引き伸ばして被覆を塗布するダイスを通し，ボビンに巻き取る．途中には光ファイバ外径の測定を行い，巻取り速度の制御にフィードバックすることにより外径 125 μm の目標値に対して ±0.5 μm 以下の精度を得る．また，ボビンに巻き取る直前で光ファイバに一定の荷重を加え，破断強度の保証を行う．

5.1.2 光ファイバ心線

光ファイバは髪の毛ほどの細さであるといわれているが，人間が光ファイバを扱うには適当な太さが必要である．また，光ファイバを1本ずつ扱うのは煩雑で作業効率が悪いので，数本を束ねて一括して扱うことが便利である．こうした要求から，0.25 mm 径の素線から心線がつくられた．**図 5.6** に示すように，主として2種類の心線が存在する．

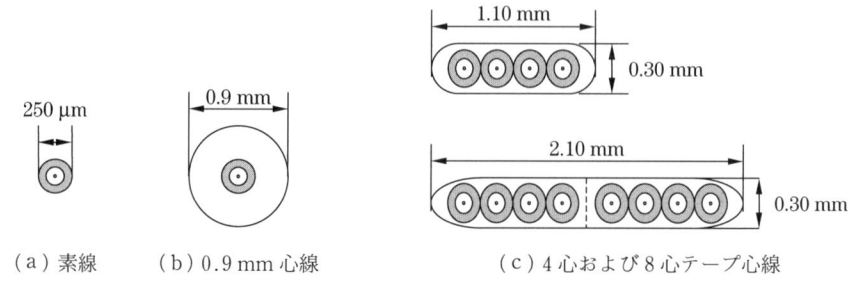

(a) 素線　　(b) 0.9 mm 心線　　　　(c) 4心および8心テープ心線

図 5.6　各種光ファイバ心線

　一つは，図（b）に示すナイロン被覆を施して外径を0.9 mmとした心線であり，光ファイバ通信システムが導入された初期にはケーブル実装によく利用された。現在では，光コードに用いられている。素線とナイロン被覆の中間には軟らかいシリコン樹脂が充てんされており，心線が突起物などに押さえられたときの側圧を緩和するクッションの役目をする。

　もう一つは**テープ心線**（fiber ribbons）である。数本の光ファイバ素線を横1列にそろえてテープ状としたもので，図（c）では4心テープ心線と8心テープ心線を示した。ケーブル内への光ファイバの実装密度を上げることができ，また多くの心数を一括で接続できるため作業効率を上げられるなど利点が多い。20心以上の光ファイバケーブルでは標準的に利用されている。ほかには2心と12心があり，JIS C 6838（テープ形光ファイバ心線）でその外形寸法が決められている。**表5.1**にその標準寸法を示す。光コネクタへの取付けやケーブル実装には外形寸法の標準化は必須である。

表 5.1　テープ形光ファイバ心線の標準寸法

光ファイバ素線数	テープ幅〔mm〕	テープ厚さ〔mm〕
2	0.60±0.10	
4	1.10±0.10	0.25, 0.30, 0.35,
8	2.10+0.20, −0.15	0.40±0.08
12	3.10+0.22, −0.17	

　テープの厚さは0.25 mmから0.05 mmおきに4種類存在するが，日本では0.30 mm厚が一般的である。また，光コネクタへの取付けや接続部材の準備など接続は4心テープ心線で統一的に行うほうが便利であることを考えて，

図 5.6（c）に示すように，8心テープ心線では4心テープに分離できるようにしているものがある。さらに，テープ心線内の光ファイバを区別するためテープ片側端の素線には色付けがされている。これを**トレーサ**と呼ぶ。

5.1.3 光ファイバケーブル

ケーブルとは，信号や電力を運ぶ媒体を自然環境に長年放置しても特性の劣化のないように保護する構造をもった伝送媒体である。地下，架空，海底などのように文字どおり過酷な自然にさらされる場所だけに布設されるのではなく，ビル内，家屋内のように直接の自然が脅威とならない空間にもケーブルは必要となる。このような場所では，布設するときの張力，曲げ，および側圧という人工的な力とか，接続する際の作業性が考慮すべき内容である。ケーブル構造を設計するうえで配慮すべき内容をまとめると

（1） 温度，湿度，日照，風力，水没，落雷などの自然環境に対して伝送媒体を保護すること，

（2） 布設を簡単にできるようにして，布設に必要な張力，側圧に十分耐えること，

（3） 接続作業を効率的に行えるようにして，心線の管理が楽であること，

などとなる。

ケーブルは布設する場所と心数により分類される。場所とは，地下管路，架空，宅内引込み，家屋内，ビルシャフト内，ビルダクト内などであり，心線数は1，2，4，8，20，40，100，…1000心となり，両者を掛け合わせるとケーブル種類は1000種以上に及ぶ。したがって，通信設備を構築する際，どのようなケーブルを用いどのように施工するかを決めるためには詳細な設計・施工マニュアルが必要である。

光ファイバケーブルの例を3～4種紹介する。

光ファイバコードは機器間の光結線や光配線パネル内の光接続などに利用されるきわめてポピュラーなものである。1心と2心の光コードがあり，通常は両端に光コネクタが付いている。図 5.7 にその構造例を示す。0.9 mm 心線の

5. 光ファイバケーブル技術

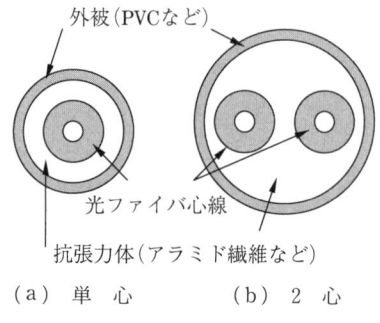

```
    外被（PVCなど）

  光ファイバ心線

  抗張力体（アラミド繊維など）
  (a) 単 心      (b) 2 心
```

図 5.7 光ファイバコードの構造例

周りに繊維質の抗張力体を配し外被をかぶせたもので，単心光コードの外径は 2.0 mm と 2.5 mm がよく用いられる。抗張力体（通常は黄色）は，人為的な引張り，曲げ，ねじれに耐えるようにその強度が JIS で決められている。すなわち，脆弱な光ファイバを人間が自由に取り扱えるようにするための補強であり，張力を加えたまま放置するための長期的な強度保証ではない。

高密度実装された光ファイバケーブルの例を図 5.8 に示す。4 心テープ心線を円周上の溝（スロット）に層状に収納して 300 心のケーブルとしたものである。金属を一切使用しないメタルフリーのケーブルとなっており，電力線などからの誘導電流や落雷電流対策が必要な地域に用いられる。また，水没した際にケーブル内に水が流れてケーブル全体が劣化するのを防ぐために吸水作用のあるテープを溝の外周に巻いている。ケーブル内に水が入るとこのテープが水

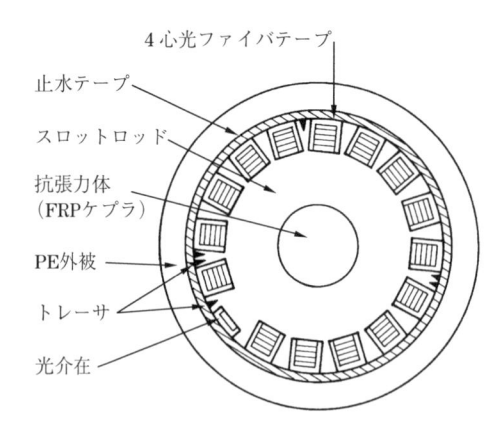

```
  4心光ファイバテープ
  止水テープ
  スロットロッド
  抗張力体
  （FRPケブラ）
  PE外被
  トレーサ
  光介在
```

図 5.8 300 心光ファイバケーブルの断面構造

を吸い込んで膨らみ水が流れるのを防止する．光介在は，工事中および建設後の保守用に使用される連絡用の光ファイバであり，光クロージャ内に設置された浸水検知光センサからの情報伝達にも使用される．図 5.9 に FTTH（fiber to the home）のための光配線形態と使用する光ファイバケーブルを示す．

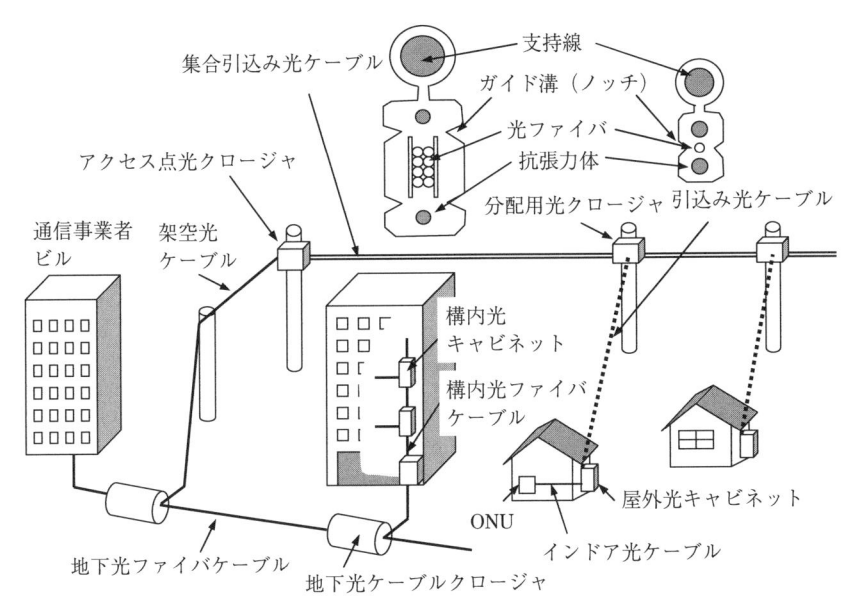

図 5.9　FTTH のための光配線形態と光ファイバケーブル

家庭に光ファイバ回線を提供する FTTH では，面的に広がる不特定のユーザからの申込みに迅速に対応する必要があることから，架空光ファイバケーブルとして特別なケーブルを利用している．一つは集合引込み光ケーブルであり，テープ心線を収容する架空光ケーブルとアクセス点光クロージャ（光ファイバ接続部収納箱）で接続されて需要が予想される地区にあらかじめ布設される．このケーブルは，外被に設けられたガイド溝（ノッチ）を利用すれば容易に心線を取り出すことができる構造となっており，需要が発生した家屋近くで心線が取り出され，分配用クロージャにより引込み光ケーブルと接続される．引込み光ケーブルは光ファイバを家屋まで配線するためのものであり，インド

ア光ケーブルに支持線が付加された構造である。

インドア光ケーブルに収容される光ファイバの本数は，通信会社が利用する光アクセス伝送システムにより決められる。送り信号と受け信号のそれぞれを別の光ファイバで送る方式では2本必要であるが，波長多重方式による伝送では1本で十分である。

5.2 測定と接続

光ファイバ通信システムを建設する際には必ず測定と接続を行う。本節では光ファイバの測定と接続に関する実際的な技術を概説する。

5.2.1 光ファイバの損失原因

光ファイバ中を伝搬する光のパワーは長い距離の間に徐々に減衰する。光ファイバの最低損失である 0.2 dB/km とは，15 km の距離を伝搬すると光パワーがちょうど半分となる値である。大気や海よりその透明度はきわめて高い。光ファイバのおもな損失原因を表 5.2 に示す。

表 5.2 光ファイバのおもな損失原因

分類	損失の原因	内容
光ファイバそのものの損失	吸収損失	① 分子振動による赤外吸収。波長 1 600 nm 以上で増大する ② 不純物による吸収。1 380 nm での OH 基吸収がある
	散乱損失	微小な屈折率揺らぎによるレイリー散乱による
製造後に加えられる損失	曲がり損失	ケーブル自体，ケーブル内でのより，装置内配線などでの曲がりによる
	接続損失	光ファイバ間接続部での軸ずれ，折れ曲がりなど
	結合損失	光源との結合，光部品との結合部で発生する

大きく分けると，① 製造された光ファイバそのものにおいてすでに存在する損失と，② 製造後実回線として使用するまでに加えられた損失とになる。① には吸収損失と散乱損失とがあり，吸収損失には SiO_2 の分子振動による赤

外吸収によるものと混入された不純物によるものとがある．最も大きな不純物は水（H-O-H）であり，Si-OH 結合は波長 1 380 nm に吸収ピークをもつ．

散乱損失はレイリー散乱が原因である．波長に比べて十分小さい物体による光の散乱をレイリー散乱と呼ぶが，空が青く見える原因として知られている．レイリー散乱では光の波長 λ に対して $1/\lambda^4$ に比例した強度で光が散乱される．波長の短い光ほど強く散乱されるため，太陽光が大気中の塵により散乱されるとき，波長の短い青色の光が上空で散乱されて大気の色となる．光ファイバの製造過程において光ファイバ母材を 2 000°C 近くに熱して線引きするが，線引き時の急冷により 2 000°C での分子の熱運動により生じた微小な密度揺らぎが室温においてそのまま固定される．この密度揺らぎが屈折率揺らぎとなり光ファイバにおけるレイリー散乱の原因となる．屈折率揺らぎは屈折率を上げる添加剤である GeO_2 濃度に比例するため，GeO_2 濃度を上げて比屈折率差を大きくすることはレイリー散乱損失の増加をまねく．

これらの損失と波長の関係を表すと**図 5.10** となる．各損失を合計した全損失は波長 1 550 nm で約 0.19 dB/km の最低損失となる．

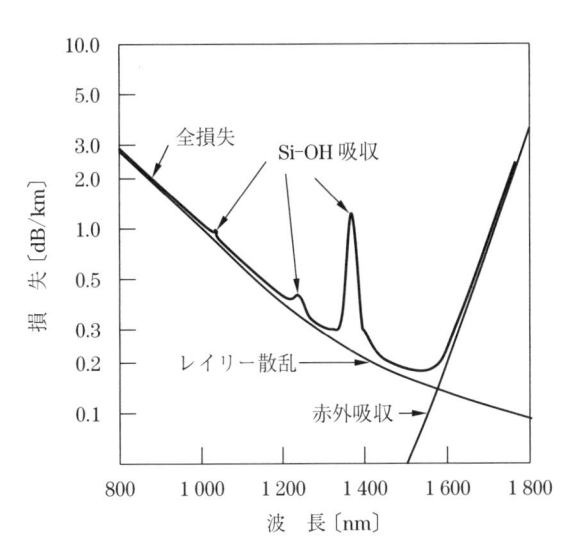

図 5.10 石英系光ファイバの損失と波長の関係

5. 光ファイバケーブル技術

光ファイバの製造後に加えられる損失の原因として，まず光ファイバの曲がりがあげられる．光ファイバはさまざまなところで曲げられる．例えば，ケーブル内に光ファイバ心線を収納する場合，心線には必ずより（撚り）が加えられる．図 5.11 は，ケーブル抗張力体の周りに光ファイバ心線が巻き付けられたときのケーブル内の光ファイバ心線のよりを示す．ケーブル内でのよりによって光ファイバはケーブル内に余分な長さをもつことができ，ケーブルが曲げられた場合には光ファイバに過度の張力が加わることを防いでいる．これ以外にも，光クロージャ内，装置内，光配線パネル内とか，ケーブル布設形態に合わせて光ファイバを曲げる必要がある．こうした曲がりによる損失増加を防ぐため，光ファイバ心線を曲げる必要がある場合には一般にその曲率半径を 10 cm 以上としている．

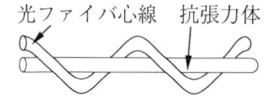

図 5.11 ケーブル内の光ファイバ心線のより

接続損失は文字どおり光ファイバどうしを接続する場合に生じる損失であり，すでに 4.3 節で説明した．接続のしかたについては 5.2.3 項で述べる．

結合損失は，半導体レーザと単一モード光ファイバのように光パワー分布が異なる光部品どうしを結合しようとする場合に避けられない．図 5.12 にはその結合の様子を示すが，通常は結合効率を高めるために間にレンズを挿入する．レンズによりたがいのスポットサイズの違いを調節する．光ファイバ通信システムで用いられる光部品には，これ以外に光アイソレータ，光サーキュレータ，光方向性結合器など数多くあり，個々の光部品に存在するそれぞれの損失が積み重なる．

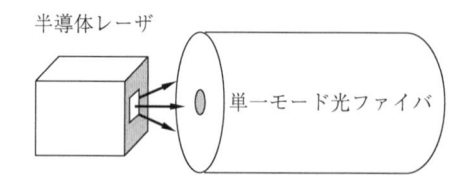

図 5.12 半導体レーザと光ファイバとの結合

5.2.2 光ファイバの測定

光ファイバケーブルを布設し接続した後には必ず損失測定を行う。光ファイバの伝送特性にかかわる他の測定項目は，例えば波長分散特性のように製造後一度測定しておけばケーブル化，布設，接続などの作業を加えても変わるものではなく，全長にわたる光ファイバケーブルの完成後の特性は個々の光ファイバ特性から累積計算できる。これに対して，光ファイバケーブルの損失にはケーブル布設による過度な曲げ，接続の不具合などにより予想外の増加をもたらす可能性があり，完成後の最後の試験として損失測定を行う。

光ファイバの損失測定法には，① **カットバック法**と② **後方散乱光法**があり，ともに JIS C 6826（シングルモード光ファイバ損失試験法）で標準とされている。

基準となる損失測定法はカットバック法である。**図 5.13** にその測定系と手順を示す。光パワー変動が少なく時間的に安定化された発光ダイオード（LED）や半導体レーザ（LD）からの出力光をまずクラッドモード除去器に通して不要な光を除き，接続部を通して測定する光ファイバに入射する。まず，出口にある光パワーメータにより光ファイバ出力光パワー P_2 を測定する〔図（a）〕。つぎに，接続部から1〜2m先の被測定光ファイバを切断し，そ

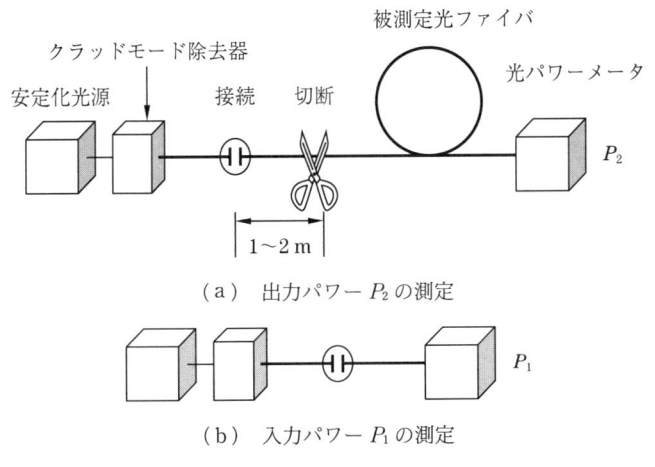

(a) 出力パワー P_2 の測定

(b) 入力パワー P_1 の測定

図 5.13　カットバック法による損失の測定

の出力光パワー P_1 を測定する〔図(b)〕。光ファイバの損失 A は

$$A = -10 \log_{10} \frac{P_2}{P_1} \quad \text{[dB]} \tag{5.3}$$

より求まり,被測定光ファイバの長さが L〔km〕のとき km 当りの損失 α は

$$\alpha = \frac{A}{L} \quad \text{[dB/km]} \tag{5.4}$$

となる。

以上の測定において,損失の波長特性を測定するときには光源として分光器を通した白色光源を用い,波長ごとの損失を測定する。クラッドモード除去器は被測定光ファイバの被覆が除去されていなければ必要ない。被覆の屈折率は通常,石英ガラスより高いので被覆がクラッドモード除去器の役目をする。

カットバック法は,被測定光ファイバに入力された光パワーを直接測定するため原理的に正確な損失測定法である。このために 1～2 m の被測定光ファイバを切断するが,実際には実回線に利用する光ファイバを切ることはできない。また,布設された光ファイバケーブルでは両端が遠隔であるため同じ光パワーメータで測定することは効率的ではない。そこで,工事現場で行うより簡便な方法として**挿入損失法**がある。

図 5.14 に挿入損失法の測定系と手順を示す。光パワーメータを 2 台用意し,測定前にあらかじめ 1～2 m の光ファイバコードにより図(b)の系でパワー表示の校正を行う。まず,1 台を布設された遠方の被測定光ファイバ出力側に

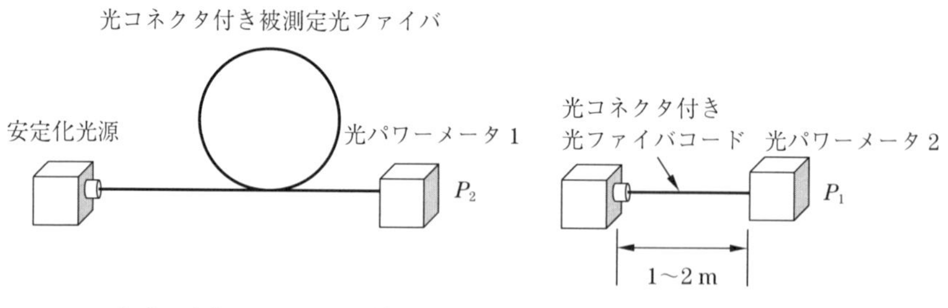

(a) 出力パワー P_2 の測定　　　　(b) 入力パワー P_1 の測定

図 5.14　挿入損失法による損失の測定

設置し，その出力光パワー P_2 を測定する〔図（a）〕。つぎに，光源側では光ファイバケーブルの光コネクタを 1～2 m の光ファイバコードに差し替えて接続しその出力光パワー P_1 を測定する〔図（b）〕。光源側の測定者は P_2 値の報告を受け，2 台の光パワーメータの校正値を用いて校正し，カットバック法と同じ式 (5.3)，(5.4) により損失を求める。この方法は実際的であるが，光コードに差し替えて被測定光ファイバへの入力光パワーを求めていることが誤差の原因となる。

　後方散乱光法は，光ファイバを伝搬する光がレイリー散乱され入射側に戻る光を測定する方法であり，通常は**光パルス試験器**（**OTDR**: optical time domain reflectometer）と呼ばれる測定器を用いる。**図 5.15** に光パルス試験器の測定系と測定結果の例を示す。

　適当な間隔でパルス発振する半導体レーザからの光を，方向性結合器を通して測定する光ファイバに入射する。光ファイバ内では伝搬する光が散乱され，その散乱光の一部が入射端に戻り，方向性結合器により方向を変えられて受光器に受信される。散乱光は微弱な光パワーであるため繰り返し測定を行い，その結果を信号処理部で累積して，雑音成分を減らしディスプレイ上に表示される。

　測定結果の一例を図（b）に示す。図（a）のように 2 本の光ファイバを接続したときの結果である。半導体レーザからの光パルスは光ファイバ入射端から散乱点までを往復する間に損失を受けるため，散乱点が遠いほど入射端に戻る光パワーは減衰する。往復する伝搬時間から散乱点が計算できるので，光パルス発射からの遅延時間とそのときの戻り光パワーを測定すれば，光ファイバ長に対する累積損失を計算できる。図（b）の測定結果では接続部 A，B と光ファイバ II の終端がみられる。接続部 A では入射接続部でのフレネル反射光によるピークが，接続部 B では光ファイバ I と II 間での接続損失が，終端部ではフレネル反射光のピークがおのおのみられる。また，光ファイバ自体の損失は光ファイバ長に対する散乱光パワーの傾きで求めることができる。市販の光パルス試験器では，光ファイバ長，光ファイバ損失，接続損失などは自動

5. 光ファイバケーブル技術

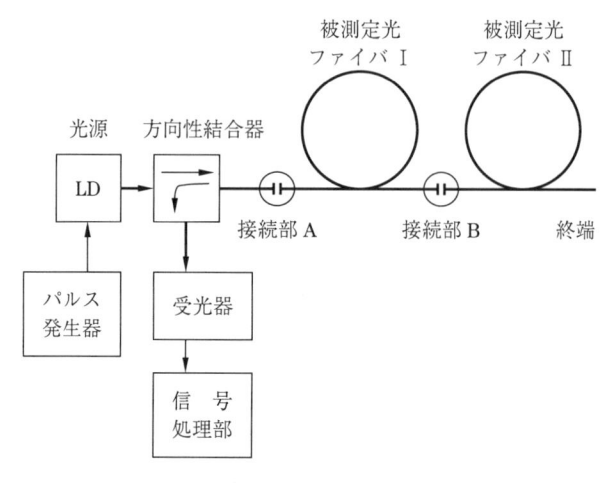

(a) 測 定 系

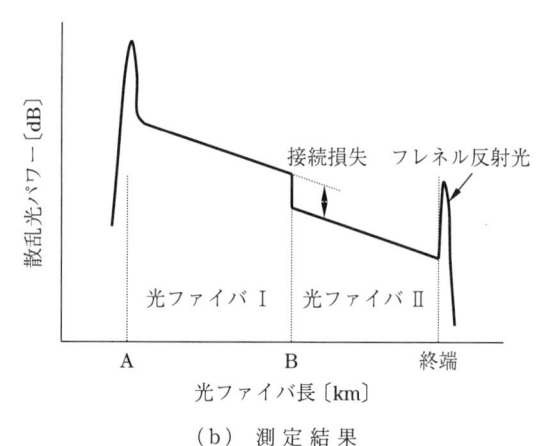

(b) 測 定 結 果

図 5.15 光パルス試験器 (OTDR) の測定系と測定結果

ひとロメモ

フレネル反射

屈折率の異なる二つの媒質が接する境界を，境界面に垂直に光が進入する場合を考える。図 5.16 に示すように，入射光の電界と磁界を E_i, H_i, 透過光を E_t, H_t, および反射光を E_r, H_r とする。各電界と磁界のベクトルはすべて境界面と平行であるため，境界面での連続性により

$$E_i + E_r = E_t \tag{5.5}$$

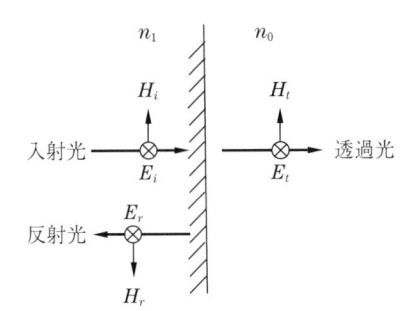

図 5.16 光の透過と反射

$$H_i + H_r = H_t \tag{5.6}$$

が成り立つ．電界と磁界にはマクスウェル方程式の解である式 (3.21) より

$$H_i = n_1\sqrt{\frac{\varepsilon_0}{\mu_0}}E_i, \quad H_r = -n_1\sqrt{\frac{\varepsilon_0}{\mu_0}}E_r, \quad \text{および} \quad H_t = n_0\sqrt{\frac{\varepsilon_0}{\mu_0}}E_t \tag{5.7}$$

の関係がある．ここで，n_1, n_0 はそれぞれ入射媒質と透過媒質の屈折率である．式 (5.7) を式 (5.6) に代入し，式 (5.5) を用いると

$$R \equiv \left|\frac{E_r}{E_i}\right|^2 = \frac{(n_1-n_0)^2}{(n_1+n_0)^2} \tag{5.8}$$

$$T \equiv \left|\frac{E_t}{E_i}\right|^2 = \frac{4n_1n_0}{(n_1+n_0)^2} \tag{5.9}$$

を得る．R は入射光パワーに対する反射光パワーの比であり，反射率と定義する．また，T は入射光パワーに対する透過光パワーの比であり，透過率と呼ぶ．式(5.8)は，境界面に垂直に光が入射すると接する媒質の屈折率が異なるかぎり反射パワーが存在することを意味する．この現象を**フレネル反射** (Fresnel reflection) と呼ぶ．式 (5.8), (5.9) では n_1 と n_0 とを入れ替えても同じ結果である．すなわち，反射率と透過率は入射方向にかかわらず同じ結果となる．

いま，光が光ファイバの端面から垂直に出射する場合を考える．$n_1=1.45$, $n_0=1$ であるので，反射率と透過率はそれぞれ

$$R = 3.4\,\% = -14.7\,\text{dB}$$
$$T = 96.6\,\% = -0.15\,\text{dB}$$

となる．光ファイバを伝搬する光の 3.4 % が光ファイバ端面から反射されること，およびいったん光ファイバから空中に放射されれば，それだけで 0.15 dB の損失が加わることが理解される．

的に計算され表示される。

後方散乱光法では散乱光を測定しているため，GeO_2 濃度やモードフィールド径が変化すると戻り散乱光パワーが変化し誤差の原因となる。特に異なる光ファイバを接続したときの接続損失に顕著に現れる。**図 5.17** にはその測定結果の例を示す。10 km 長と 20 km 長の同種光ファイバの間にモードフィールド径の異なる 5 km 長の光ファイバを接続した場合であり，片側に ＋ の接続損失がみえる。このような場合には，光ファイバの両端から測定して同じ接続点の損失の平均値を求め接続損失とする。

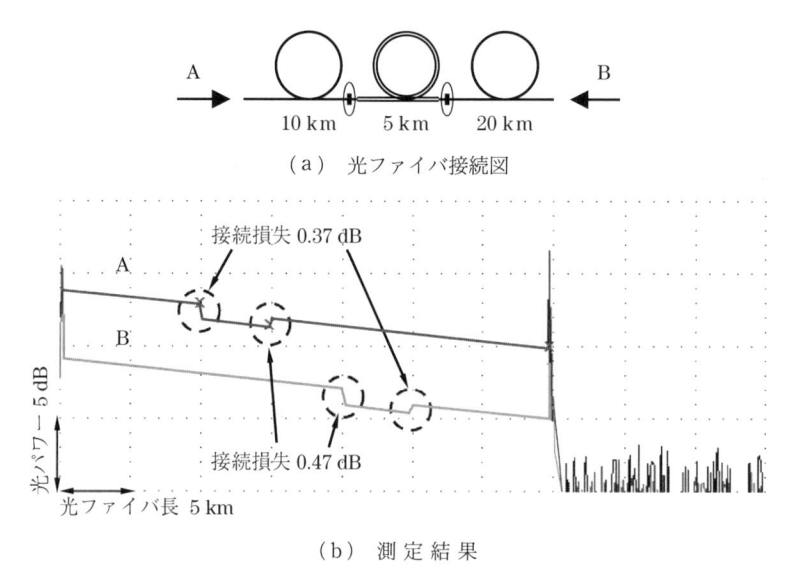

（a） 光ファイバ接続図

（b） 測 定 結 果

図 5.17 異なるモードフィールド径をもつ 3 本の光ファイバにおける接続損失測定結果

5.2.3　光ファイバの接続

光ファイバの接続は，**表 5.3** に示すように，**コネクタ接続**と**永久接続**（スプライス）に大きく分類される。コネクタ接続は繰り返し着脱を行うことが可能な接続であり，伝送装置の取換え，定期試験，配線切替えなどを行う際に必要であるため，伝送装置間，伝送装置と光ファイバケーブル間，光配線パネル内

表 5.3 光ファイバ接続方法の分類

分類	内容	種類
コネクタ接続	繰り返し着脱する	単心形，多心一括形
永久接続（スプライス）	一度接続すれば永久に接続した状態とする	融着接続
		メカニカルスプライス

で使用される。永久接続とは文字どおり一度接続すれば二度と切り離さない接続をいい，布設された光ファイバケーブルどうしの接続に必要であるため光クロージャ内で使用される。

（1） 光コネクタ　低損失な接続を実現するためには，光ファイバ相互のコア軸を真っすぐに合わせることが必要である。**光コネクタ**では，コア軸が真っすぐになるよう光ファイバ端面を突き合わせるために**フェルール**（中子）を用いる。**図5.18**に光コネクタの基本構造を示す。

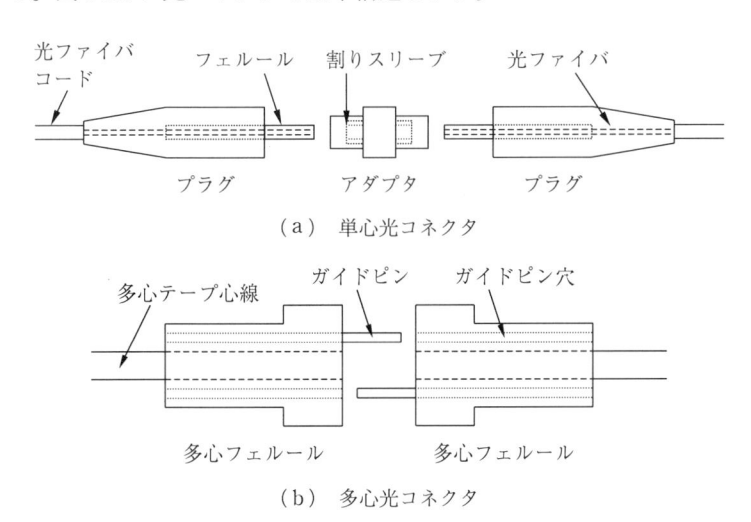

（a） 単心光コネクタ

（b） 多心光コネクタ

図 5.18　光コネクタの基本構造

単心光コネクタの場合には，円筒状のフェルールの真ん中にコア軸を固定し，フェルール外径よりわずかに小さい内径をもつ割りスリーブに接続するフェルールを挿入して相互の中心軸を合わせる。フェルール中心軸とコア軸がぴったり合っていれば低損失な接続となる。図（b）のような多心光コネクタの

場合には，テープ状に並べた光ファイバのコア軸を合わせるためにガイドピンを用いる。2本のガイドピンの中心軸上に各光ファイバコア軸を精度よく並べて固定することによりコア軸合せを行う。

表5.4に国内で利用されているおもな光コネクタを示す。**FC形**はこのなかでは最も歴史のある光コネクタであり，**ねじ締結構造**であることが特徴で，おもに光測定器の接続コネクタに利用される。**SC形**はプラグをアダプタに挿入するだけで固定される**スライドロック構造**が特徴であり，プラグ固定に個人差が出なくフェルール押さえが安定しているので光通信システムに標準的に使用されている。**MU形**はフェルール径を 1.25 mmϕ と FC, SC 形の半分とすることにより小形化を図ったのが特徴である。MT 形は多心光コネクタとして世界中で活用されている唯一のものである。JIS では，2心から12心まで2心おきに記載されているが，おもに利用されているのは2心と4心である。

表 5.4 国内で利用されているおもな光コネクタ

分類	品名	JISでの形名	フェルール寸法	端面整合	プラグの固定方法
単心	FC	F01 (JIS C 5970)	2.5 mmϕ	PC, APC	ねじ締結構造
	SC	F04 (JIS C 5973)	2.5 mmϕ	PC, APC	スライドロック構造*
	MU	F14 (JIS C 5983)	1.25 mmϕ	PC, APC	スライドロック構造*
多心	MT	F12 (JIS C 5981)	2.5×6.4 mm (2, 4, 8心)	屈折率整合液, PC	ガイドピン挿入後，クランプスプリングで固定

[注]＊ プラグをアダプタに挿入することによりロックされ，プラグを引き抜くと解除される機構

参考のため，**図5.19**にはSC形光コネクタの外観を，**図5.20**にはMT形多心光コネクタの外観を示す。

光コネクタの端面においてフレネル反射が発生すると接続損失を増加させるばかりではなく，反射光による光雑音を発生させ信号伝送に深刻な問題をまねく。光ファイバ端面を鏡のように凹凸のないフラットな面とするために光コネ

5.2 測定と接続　　*125*

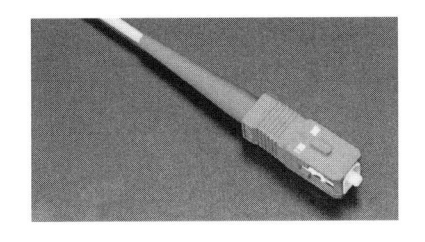

図 5.19　SC 形光コネクタの外観

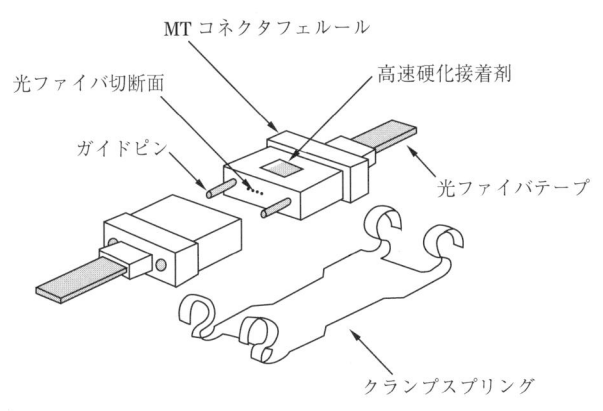

図 5.20　MT 形多心光コネクタの外観

クタ端面には研磨を施すが，フェルール材質より石英ガラスのほうが通常柔らかいため，端面が完全にフラットであるとガラス面にくぼみができる。図 5.21（a）に示すように，ガラス面でくぼみがあると，フェルールを突き合わせたとき光ファイバ端面に間隙ができフレネル反射を発生させる。この問題を解決するため，図（b）に示すように，フェルール端面を凸形に研磨し光ファイバ端面どうしを物理的に接触させる方法が採用されている。このフェルール端面を**フィジカルコンタクト**（**PC**）と呼ぶ。120 ページのひと口メモで説明

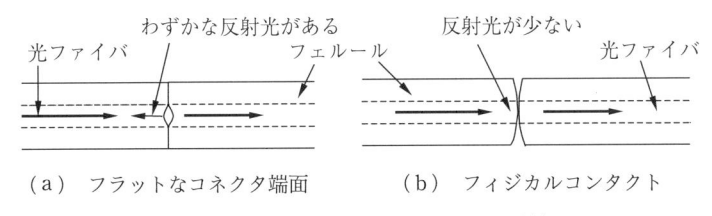

（a）フラットなコネクタ端面　　（b）フィジカルコンタクト

図 5.21　コネクタ端面でのフレネル反射

したように，石英ガラス面でのフレネル反射減衰量は 14.7 dB あるが，PC 端面ではこれを 25 dB 以上としている．さらに，研磨によるガラス変質層を除去する改良を行い，反射減衰量を 40 dB 以上とする**アドバンス PC（APC）**が開発されており，ともに広く普及している．

（2）融着接続　融着接続法は，光ファイバ端面をアーク放電により溶かして接続する方法である．光ファイバは溶融した状態で接続しているため，フレネル反射がなく低損失接続が実現でき，また経年的な損失変動がないのできわめて信頼性が高い．単心光ファイバ接続の様子を図 5.22 に示す．光ファイバを少し曲げて傷をつけるとガラス切りで切るように光ファイバ端面が鏡面に仕上げられる．この端面カットした光ファイバを V 溝上に置いて突き合わせ，押し込みながら放電すると融着接続が完了する．コアをカメラで直接観察し二つのコア軸を合わせる方法（コア直視融着接続法）がよく知られている．

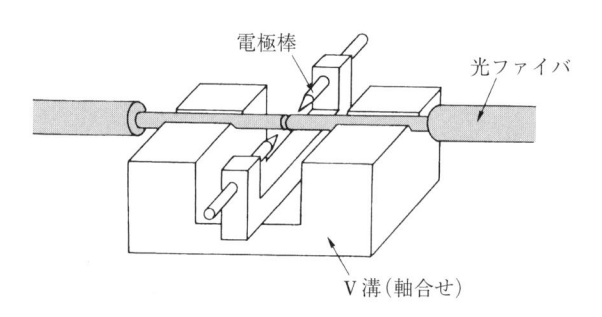

図 5.22　単心光ファイバ融着接続法

現在の光ファイバ製造技術では，コア中心とクラッド中心とのずれ（偏心）を 0.2 μm 以下とすることが可能であり，この偏心量であればコア軸ずれは接続損失において無視できる．したがって，コア軸の調心を行うことなく V 溝に光ファイバをセットするだけで十分低損失な接続が実現できる．多心光ファイバでは V 溝に光ファイバを置いてクラッド外周を合わせることで調心を行い一括して融着接続する．ただし，図 5.23 に示すように，各光ファイバに加えられる放電温度をほぼ同じとするために放電電極の間からは少し離れた位置に光ファイバを並べるようにしている．市販の多心一括融着接続機では 12 心

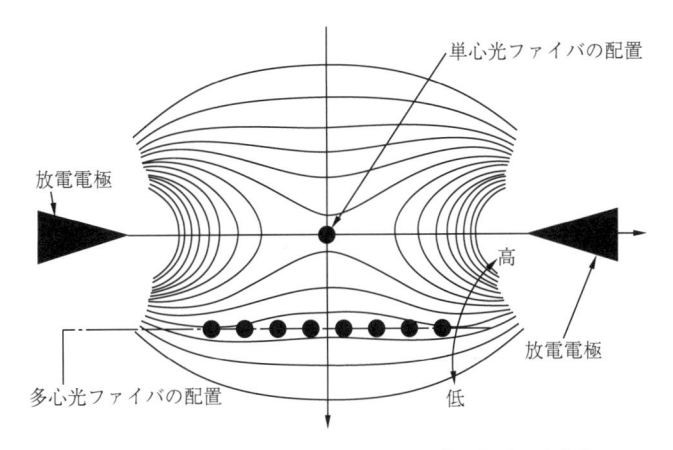

図 5.23 多心光ファイバ融着接続における放電温度分布

テープ心線までの接続が可能である。

（3） **メカニカルスプライス**　メカニカルスプライスでは，V溝上に設置された光ファイバを機械的に押さえ付け把持することにより接続を行う。融着接続機のような電源が不要でありV溝と把持具の経済化は可能であるため安価な接続方法であると期待されている。図5.24にその接続方法を示す。把

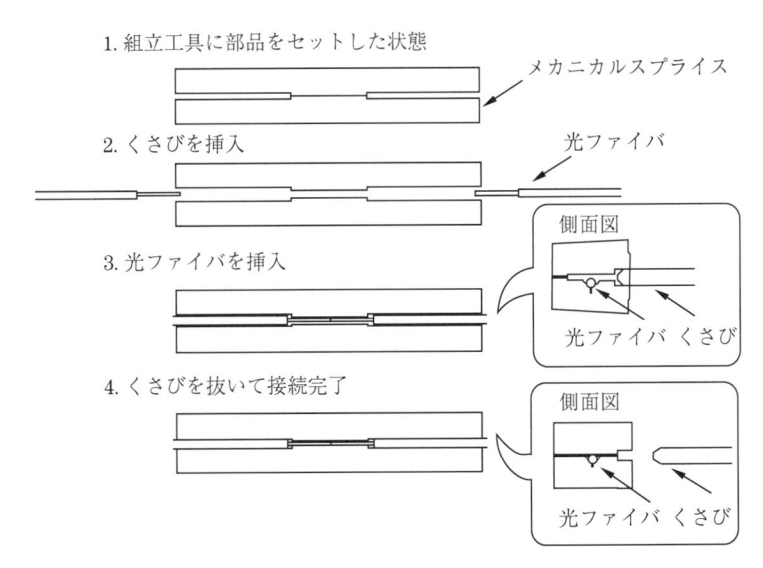

図 5.24　メカニカルスプライスによる光ファイバ接続方法

持具にくさびを入れて V 溝押えを広げ，光ファイバを挿入してからくさびを抜けば接続が完了である。

章 末 問 題

【1】 光ファイバの製造技術には MCVD 法，OVD 法，および VAD 法の 3 種類があるが，それぞれの特徴をたがいに比較したとき，特に優れている，優れている，課題が多い，という相対的な評価が可能である。つぎの**問表** 5.1 にそれぞれの製法の評価を記入せよ。

問表 5.1 光ファイバ製造技術の比較

評 価 項 目	MCVD 法	OVD 法	VAD 法
屈折率分布制御技術			
大量生産技術			

◎：特に優れている　○：優れている　×：課題が多い

【2】 テープ形光ファイバ心線に関するつぎの問いに答えよ。
　（1）　単心線と比較してテープ心線がもつ利点を二つあげよ。
　（2）　テープ心線を取り扱う際に，その裏表，含まれる光ファイバの区別・番号を判断する方法を述べよ。

【3】 通信ケーブルの構造を考えるうえで考慮すべき内容を三つあげよ。

【4】 ある光ファイバのレイリー散乱損失が波長 1 000 nm で 1.0 dB/km となるとき，つぎの波長におけるレイリー散乱損失を求めよ。
　（1）　630 nm,　（2）　1 310 nm,　（3）　1 550 nm

【5】 **問図** 5.1 は，5 km 長の光ファイバ I と 12 km 長の光ファイバ II とを接続して全長 17 km とした光ファイバを光パルス試験器で測定した結果を示す。上図は，光ファイバ I 側から測定した結果であり，下図は光ファイバ II 側から測定した結果である。このとき，① 光ファイバ I の km 当りの損失，② 光ファイバ II の km 当りの損失，および ③ 接続損失を求めよ。ただし，縦軸の散乱光パワーとは，光パルスが光ファイバを往復した後の光パワーを示す。

【6】 発振波長が 1.55 μm の InGaAsP 半導体レーザの活性層における屈折率を 3.5 とする。空気と接する面に垂直に進入する光の ① 反射率と ② 透過率をそれぞれ〔%〕と〔dB〕で求めよ。

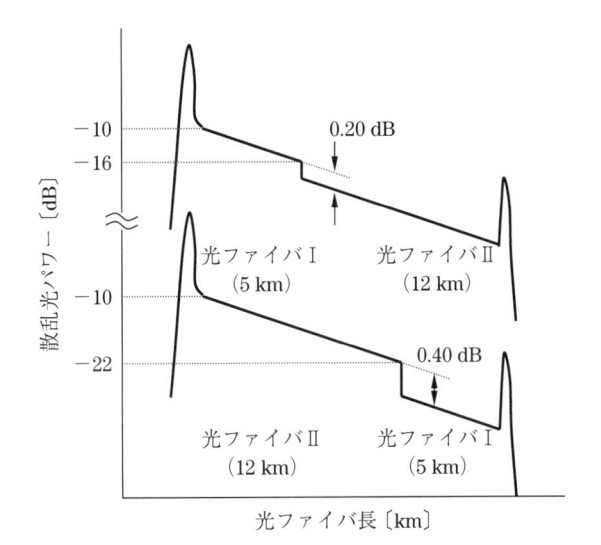

問図 5.1 光パルス試験器（OTDR）での測定結果

【7】 光ファイバ接続に関するつぎの用語を説明せよ。
（1） スライドロック構造，（2） APC，（3） クラッド外周調心
（4） メカニカルスプライス

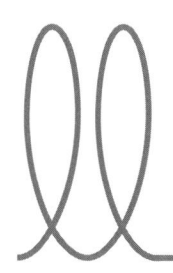

6. 光ファイバ増幅器

　光と物質との相互作用を光が粒子であるという見方で考えると，物質による光子の吸収と放出である。透明な物質とは光をいったん吸収するがすぐに同じ光を放出してしまう物質であり，この過程における時間遅れが屈折率として現れる。一方，光が電磁波であるという見方で光と物質との相互作用を考えると，交流電界により物質の電子が強制振動する現象であり，電子振動が交流電界と共鳴してエネルギーが電磁波から電子に移れば電磁波の吸収であり，逆に電子振動により電磁波が強くなれば放出である。共鳴しなければ物質は光にとって透明であるが，共鳴周波数から外れてもわずかに共鳴の影響を受けそれが屈折率として現れる。光は粒子の性質と波の性質とを併せもつため，観測された現象によってより理解しやすい解釈をする。

　アインシュタインによる光電効果の説明（1905年），水素原子の発光スペクトルに関するボーアの水素模型による説明（1915年）などで，光と物質との相互作用には光を粒子と解釈するほうが理解しやすいことが明らかにされた。しかしながら，レーザの発明（1960年）により電磁波として振る舞う光が登場し，現在では再び，時には光子として，時には電磁波として便利なほうで光を取り扱うようになった。本章では，光の増幅を説明するが，以上の伝統に従って，時には光子として，時には電磁波として光を扱う。

6.1 光の吸収と放出

6.1.1 原子の構造とエネルギー準位

　物質による光の吸収と放出を理解するには，まず物質を構成する原子の構造を考える必要がある。図 6.1 に示すように，原子は，中心にプラスの電荷をもつ原子核とその周りを回る複数の電子により構成される。電子は決められた軌

6.1 光の吸収と放出

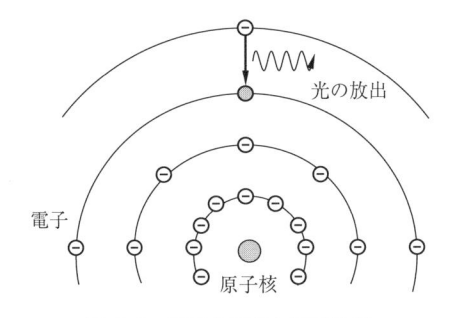

図 6.1 原子の構造と電子軌道

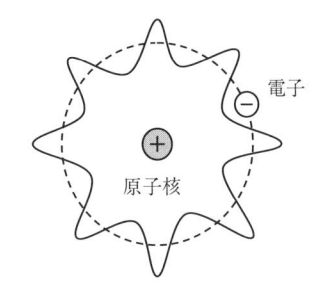

図 6.2 電子波の軌道

道しか回ることができず，軌道を移るときには必ず光の放出か吸収を行う。

量子力学では，光と同様に電子は粒子の性質と波の性質とを併せもち，原子核を周回する電子の軌道において波としての電子が定常波を形成すると説明している。図 6.2 に示すように，電子が原子核を 1 周するとき電子の波長（ド・ブロイ波長）の整数倍が円周となる軌道のみが許される。とりうる軌道が飛び飛びにしか存在しないことは，原子全体のエネルギーが飛び飛びになることを意味する。外側の軌道にある電子は容易に原子から飛び出せるのでエネルギーの高い状態であり，内側の軌道ほど電子は原子核にとらえられているためエネルギーの低い状態となる。原子はエネルギーの低い状態のほうが安定しているため原子核に最も近い軌道に通常電子は収まる。このときの原子は**基底状態**にあるという。基底状態にある原子が何らかの方法によりエネルギーをもらうと，より外側の軌道に電子は移る。エネルギーの高い外側の軌道に電子があるとき原子は**励起状態**にあるという。基底状態のエネルギーを基準にして励起状態のエネルギーを縦軸にとって表すと，**図 6.3** に示すようになり，この図を**エネルギー準位図**という。電子がとりうる軌道は，理想的には無限個存在するので励起された状態が複数個存在する。

いま，エネルギー E_1 の基底準位とエネルギー E_2 の励起準位を考えると，原子は通常基底状態にある。図 6.4 に示すように

$$E_2 - E_1 = h\nu \tag{6.1}$$

の関係が成立するとき，原子は振動周波数 ν をもつ光を吸収して励起状態に

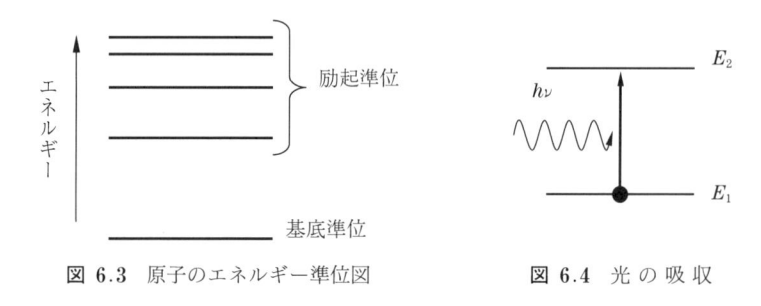

図 6.3 原子のエネルギー準位図　　図 6.4 光の吸収

移る。ここで $h = 6.626 \times 10^{-34}$ Js は**プランク定数**であり，式 (6.1) の関係を**ボーアの振動数条件**という。原子を励起準位にもち上げることを励起と呼ぶが，この場合のように光吸収を利用して励起することを**光ポンピング**という。

励起状態にある原子が基底状態に戻るときには，光の吸収と逆の過程，すなわち周波数 ν の光を放出する。この光放出には 2 種類あり，図 6.5 (a) に示

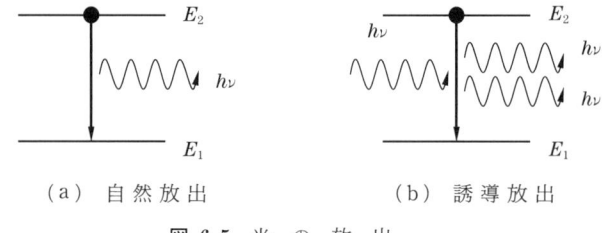

　(a) 自然放出　　　　　(b) 誘導放出

図 6.5 光 の 放 出

ひとロメモ

コヒーレントな光とインコヒーレントな光

光の波としての特徴を表すのに**コヒーレンス**（coherence）という言葉がよく用いられる。干渉縞のできやすさの程度を示すという意味で**可干渉性**と訳す。電磁波としての光の位相が時間的にも空間的にも連続してそろっている状態をコヒーレントという。コヒーレンスは光の発生のしかたをみると理解しやすい。

いま，池の周りに大勢の人がいて石を投げているとする。図 6.6 (a) に示すように，大勢の人がそれぞれでたらめに石を投げると，たくさんの波が池のなかに立つが，個々の波はたがいに関連なく全体としてはザワザワとしたさざ波が立つだけである。一方，図 (b) に示すように，池の中心に向けて中心

6.1 光の吸収と放出

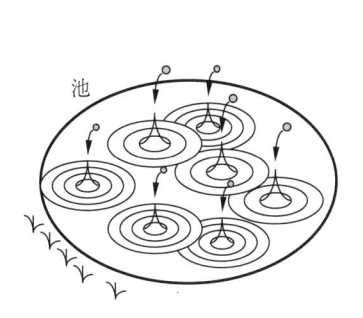

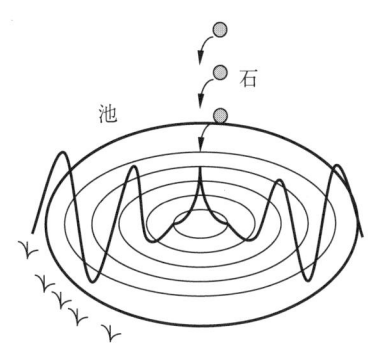

(a) でたらめに石を投げる　　(b) 波の周期に合わせて石を投げる

図 6.6　石の投下による波の立ち方

にある波がへこむのに合わせて毎回石を投げ入れることをすれば，石の投下周期に合わせて波はしだいに大きくなると同時に，池のなか全体にわたってきれいな波に成長する。前者のザワザワとしたさざ波がインコヒーレントな波，後者のきれいな波がコヒーレントな波である。誘導放出では入射する光の位相に合わせて光は放出されるが，これはちょうど中心にある池の波がへこむのに合わせて石が投げられることに相当する。すなわち，誘導放出が連続するとコヒーレントな光に成長する。

でたらめに n 個の石を投げる場合を考える。立つ波の振幅は同じであるとすると，一つの石による波は $E\cos(\omega t+\delta_i)$ と表せる。ここで，δ_i は石ごとに相関のないランダムな位相である。時間的に関連がないさざ波が立つと全体での波のパワー P は

$$P = \overline{|E\cos(\omega t+\delta_1)+E\cos(\omega t+\delta_2)+\cdots+E\cos(\omega t+\delta_n)|^2}$$
$$= \overline{|E\cos(\omega t+\delta_1)|^2}+\overline{|E\cos(\omega t+\delta_2)|^2}+\cdots+\overline{|E\cos(\omega t+\delta_n)|^2}$$
$$= n\frac{1}{2}|E|^2 \qquad (6.2)$$

となり，波のパワーは n に比例する。式 (6.2) で，$\overline{E}$ の — は時間平均を表す。

一方，コヒーレントな波の場合，位相は同じであるので波のパワー P は

$$P = \overline{|E\cos(\omega t+\delta)+E\cos(\omega t+\delta)+\cdots+E\cos(\omega t+\delta)|^2}$$
$$= n^2\frac{1}{2}|E|^2 \qquad (6.3)$$

となり，n の 2 乗に比例する。

すように，原子が他の影響を受けず自発的に光を放出して基底状態に戻る過程と，図（b）のように原子に照射される周波数 ν の光に誘導されて戻る過程である。前者を**自然放出**（spontaneous emission），後者を**誘導放出**（stimulated emission，または induced emission）と呼ぶ。

同じ振動周波数 ν をもつ光の照射を受けて光が誘導放出される場合，誘導放出される光の電磁界振動ではその位相は照射する光と同期する。すなわち，照射する光の振幅強度を強めるように光は放出される。したがって，光の増幅が生じる。

図 6.4 に示す光の吸収，および図 6.5 に示す光の放出では，二つのエネルギー準位のみが原子と光の相互作用に関係している。二つの準位のみを考えればよい原子系を **2 準位系原子**と呼ぶ。これ以外には三つの準位がかかわる **3 準位系原子**，および四つの準位がかかわる **4 準位系原子**がある。

6.1.2 レート方程式

光と原子との相互作用を方程式で表すことにする。いま，図 6.7 に示すように，原子の充満している媒質中を光が z 方向に向けて進行するとする。さらに，基底準位 E_1 にある原子の単位体積当りの個数を N_1，励起準位 E_2 にある原子の単位体積当りの個数を N_2 とする。したがって，2 準位系原子の総数は単位体積当り

$$N_1 + N_2 = N \tag{6.4}$$

図 6.7 単位面積を通過する光

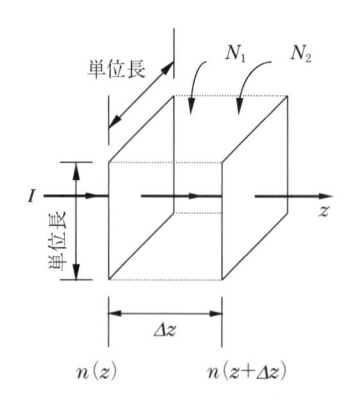

となる。z 点において単位面積を単位時間に通過する周波数 ν の光のエネルギーを $I(z)$ とおくと，同じ面積を単位時間に通過する光子の個数 $n(z)$ は

$$n(z) = \frac{I(z)}{h\nu} \tag{6.5}$$

となる。ちなみに，単位時間に通過する光全体のエネルギーをパワーという。

（1） 光の吸収の場合　　原子により光が吸収される場合を考える。衝突する光子を原子が吸収するとすると，吸収するための面積が原子に存在してそれを**吸収断面積**（absorption cross section）と呼び σ_{12} とおく。図 **6.8** に示すように，単位面積を通過する光の束に対して，光を吸収する原子がスクリーン上に射影される総面積は単位長当り $\sigma_{12} N_1$ である。これは，光が吸収される単位長当りの割合となる。単位面積を単位時間に通過する光子が n 個存在するため，基底準位にある原子は単位時間当り $\sigma_{12} n N_1$ 個の割合で励起準位へと遷移する。したがって

$$\frac{dN_1}{dt} = -\sigma_{12} n N_1 = -\frac{dN_2}{dt} \tag{6.6}$$

となる。この式を光子の側からみると，光が Δz を進行する間に $N_1 \Delta z$ 個の原子が存在するため，n 個の光子が Δz を通過すると $\sigma_{12} N_1 \Delta z n$ 個減少する。したがって

$$\frac{n(z+\Delta z)-n(z)}{\Delta z} = \frac{dn}{dz} = -\sigma_{12} N_1 n \tag{6.7}$$

で変化する。式（6.6）は粒子の個数の時間変化を表しており，**レート方程式**（rate equations）と呼ばれる。

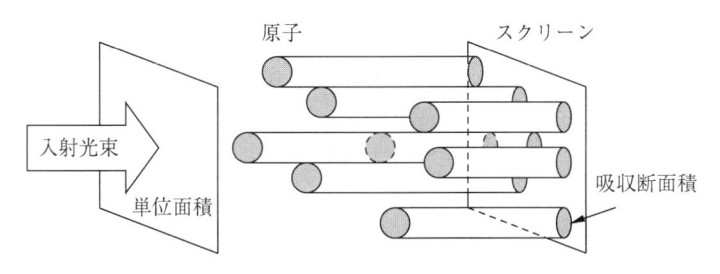

図 **6.8**　吸収断面積 σ の原子による光の吸収

（2） **自然放出の場合**　　励起準位にある原子が光を放出して自然に基底準位に戻るとき，励起準位にある原子の個数は原子自体の個数に比例する割合で減少する。したがって

$$\frac{dN_2}{dt} = -A_{21}N_2 \tag{6.8}$$

と書ける。A_{21} は単位時間に励起準位から基底準位へ遷移する確率で**自然放出係数**または**アインシュタインの A 係数**と呼ばれるものである。$t=0$ のとき $N_2(0)$ とすると，式 (6.8) は容易に解くことができ

$$N_2(t) = N_2(0)e^{-A_{21}t} \equiv N_2(0)e^{-t/\tau_{21}} \tag{6.9}$$

となり，時定数 τ_{21} で減少する解となる。$\tau_{21} \equiv 1/A_{21}$ を**自然放出寿命**（spontaneous emission lifetime）と呼ぶ。

また，光子は単位長さを進行すると自然放出する励起原子分が増えるので

$$\frac{dn}{dz} = A_{21}N_2 \tag{6.10}$$

となる。

（3） **誘導放出の場合**　　吸収とは，逆に光子が原子の**放出断面積**（emission cross section）σ_{21} に照射されると光が放出されるので，各原子の個数の時間変化と光子数の単位長当りの変化は

$$\frac{dN_1}{dt} = \sigma_{21}nN_2 = -\frac{dN_2}{dt} \tag{6.11}$$

$$\frac{dn}{dz} = \sigma_{21}N_2 n \tag{6.12}$$

となる。
　（1）〜（3）の吸収と放出をすべて考慮すると

$$\frac{dN_1}{dt} = -\sigma_{12}nN_1 + \sigma_{21}nN_2 + A_{21}N_2 = -\frac{dN_2}{dt} \tag{6.13}$$

$$\frac{dn}{dz} = -\sigma_{12}N_1 n + \sigma_{21}N_2 n + A_{21}N_2 \tag{6.14}$$

となる。さらに，2 準位系では $\sigma_{12} = \sigma_{21}$ が成立し，式 (6.13)，(6.14) はより簡単化される。

6.1.3 反転分布と光の増幅

光と原子との相互作用が平衡状態に達し,各準位にある原子数が時間的に変化しないとすると

$$\frac{dN_1}{dt} = -\frac{dN_2}{dt} = 0 \tag{6.15}$$

より

$$\frac{N_2}{N_1} = \frac{\sigma n}{\sigma n + A_{21}} \tag{6.16}$$

を得る。ここで,$\sigma \equiv \sigma_{12} = \sigma_{21}$ とした。式 (6.16) では分母に A_{21} がある分 1 より小さいので,平衡状態では励起準位にある原子数は基底準位にある原子数よりつねに少ない。自然放出が寄与するためである。

熱平衡にある原子群の場合,統計熱力学によるとエネルギー E_i をもつ原子の個数 N_i は

$$N_i \propto e^{-\frac{E_i}{k_B T_a}} \tag{6.17}$$

となることが知られており,これを**ボルツマン**(Boltzmann)**の分布則**と呼ぶ。ここで,$k_B = 1.3807 \times 10^{-23}$ J/K はボルツマン定数および T_a は絶対温度である。したがって,2 準位系原子では各準位にある原子数に

$$\frac{N_2}{N_1} = e^{-\frac{E_2 - E_1}{k_B T_a}} \tag{6.18}$$

の関係がある。

図 6.9(a)に示すように,熱平衡状態では基底準位の原子数が励起準位にある原子数より必ず多い。

誘導放出による光の増幅を起こすためには,式 (6.14) より $N_2 > N_1$ とする必要がある。図 (b) に示すように,$N_2 > N_1$ とすることはボルツマンの分布則に当てはめると負の温度分布にすることに相当し,熱力学に反するので**反転分布**(inverted population)と呼ぶ。2 準位系原子では原理的に $N_2 > N_1$ とはならないため,3 準位系原子または 4 準位系原子とすることが必要である。

図 6.10 に反転分布を形成する原子のエネルギー準位図を示す。図 (a) は 3 準位系原子の場合であり,光増幅に関係する準位は E_1 の基底準位と励起準

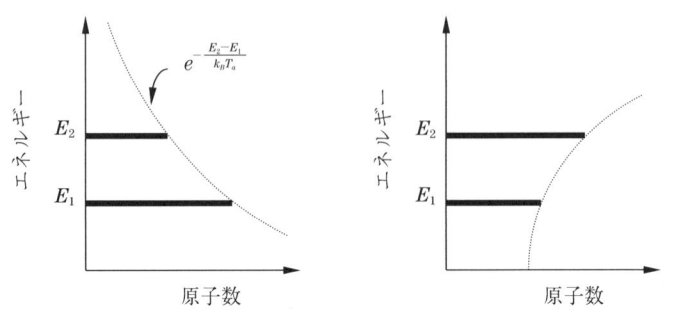

図 6.9 熱平衡状態での原子数分布と反転分布

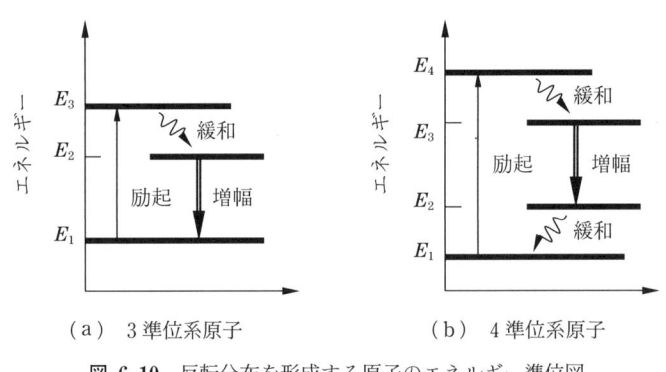

(a) 熱平衡状態での原子数分布　(b) 反転分布（負温度）

図 6.10 反転分布を形成する原子のエネルギー準位図

(a) 3準位系原子　(b) 4準位系原子

位 E_2 である。より上の励起準位 E_3 に光ポンピングなどで基底準位より励起し，光を放出しない緩和過程により，短い寿命で E_2 準位に遷移することにより反転分布を形成する。この場合，初めに原子は基底準位にあるため半分以上の原子を励起しないと反転分布を形成することができない。また，光を放出しない遷移（非放射緩和過程）とは原子の熱エネルギーに吸収される遷移であり，一般に寿命はきわめて短い。

図(b)は4準位系原子の場合であり，光増幅に関係する準位は E_2 と E_3 のともに励起準位である。下の準位 E_2 にある原子は，非放射緩和過程によりすばやく基底準位に遷移するため，原子数が少なく比較的容易に反転分布を形成することができる。

反転分布が形成されると，式（6.14）より

$$\frac{dn}{dz} = \sigma(N_2 - N_1)n + A_{21}N_2 \tag{6.19}$$

となり，式（6.19）で自然放出に関する $A_{21}N_2$ を無視すると解は

$$n(z) = n(0)e^{\sigma(N_2-N_1)z} \tag{6.20}$$

となる。

図 6.11 に示すように，式（6.20）は進行方向に増大する光子数を表す。すなわち，式（6.19）の右辺第 1 項は誘導放出により光が増幅されることを示し，$z=0$ の光子数に信号成分をもたせると信号増幅が実現できる。これに対して無視した $A_{21}N_2$ は，$z=0$ での光子数とは無関係に発生するため，信号に対する雑音成分となる。

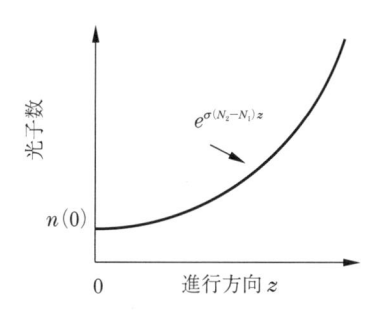

図 6.11 進行方向に増大する光子数

6.2 光 増 幅 器

光信号を光のまま増幅する光増幅器は，光ファイバ通信システムにおける伝送距離の制限を克服するばかりではなく，挿入損失が避けられない各種光部品を自由にシステム内に取り入れることを許容した。この技術が開発された結果，点から点へと線状に展開していた光回線は，地域内を網羅するアクセス光回線へ，さらに都市間を結ぶフォトニックネットワークへと発展することが可能になった。

6.2.1 概　　　説

（1）　光増幅器の種類　研究開発が行われている光増幅器には，希土類元素添加の光ファイバ増幅器，非線形光学効果を利用した光ファイバ増幅器，および半導体レーザ形の半導体光増幅器がある。

希土類元素には，エルビウム（Er），ツリウム（Tm），プラセオジウム（Pr），ネオジウム（Nd）などがあるが，代表的なものは波長 1 500 nm 帯で増幅利得のあるエルビウムである。アクセス光回線から大陸横断海底光通信回線まで多くのシステムに利用されている。

光増幅に利用することで研究されている非線形光学効果は，誘導ラマン散乱，誘導ブリルアン散乱，四光波混合効果などがあるが，実用面からの代表は誘導ラマン散乱効果である。また，半導体光増幅器は半導体レーザにおいて両端面の反射率を低下させることにより発振を抑えた構造のものである。

代表的な光増幅器の特性を**表 6.1** に示す。半導体光増幅器は半導体レーザの構造を基本としているので長さ 0.3 mm ほどで大きな増幅利得を得ているのに対して，光ファイバ増幅器では長さを 5～50 m にして利得を稼ぐようにしている。利得を長さで稼ぐ分，光雑音が小さく，また光ファイバ形なので光ファイバとの結合損失が小さい。さらにエルビウム添加光ファイバ増幅器の場合，エルビウムイオンの励起準位からの誘導放出を増幅に利用しているため，

表 6.1　代表的な光増幅器の特性

分　類	種　類	増幅源	利得の代表例	雑音	光ファイバとの結合	偏光依存性	装置の大きさ
光ファイバ増幅器	エルビウム添加光ファイバ増幅器	エルビウムイオンでの反転分布	～30 dB	小	容易	なし	大
	光ファイバラマン増幅器	誘導ラマン散乱効果	～10 dB	小	容易	あるが対策済み	中～大
半導体光増幅器		活性層内での反転分布	～15 dB	大	難	大	小

誘導する信号光のあらゆる偏光方向に対して同じ増幅利得となる特徴をもつ。これは，伝搬する信号光の偏光方向を保持できない通常の光ファイバを用いるシステムにとってはきわめて重要な利点である。これに対して半導体光増幅器の増幅利得では電流の流れる方向に左右される大きな偏光依存性をもつ。

このように，エルビウム添加光ファイバ増幅器は光ファイバ通信システムにおける光増幅器としては理想的な特性を有している。すでに波長 1 530～1 565 nm 帯（C バンドと呼ぶ）と 1 565～1 625 nm 帯（L バンドと呼ぶ）では，エルビウム添加光ファイバ増幅器が実用に供せられており，他の波長領域への拡大に向けて他の希土類元素を用いた光ファイバ増幅器や光ファイバラマン増幅器が研究されている。

（2） **光増幅器の増幅特性**　　通信システムに用いられる増幅器の特性は，**増幅利得**と**雑音指数**により表される。図 6.12 に示すように，一般の増幅器を考え，入力信号のパワーを P_{in}，入力信号のなかに含まれる雑音成分のパワーを N_{in} とおく。入力信号の純度を表す尺度として P_{in}/N_{in} で定義される**信号対雑音比（SN 比）**が用いられる。出力信号パワーを P_{out} とおいたとき，増幅器の利得 G は

$$G = \frac{P_{out}}{P_{in}} \tag{6.21}$$

である。通常は式（6.22）の dB 単位で表される。

$$10 \log_{10} G = 10 \log_{10} \left(\frac{P_{out}}{P_{in}}\right) \ \text{[dB]} \tag{6.22}$$

出力雑音パワー N_{out} は，増幅された入力雑音パワー GN_{in} と増幅器自体により加えられた内部雑音パワー ΔN の合計であるので

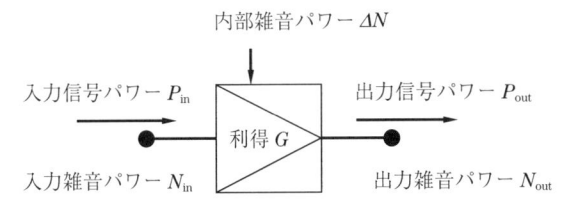

図 6.12　増幅器の入出力パワー

$$N_{\text{out}} = GN_{\text{in}} + \Delta N \tag{6.23}$$

となる。

増幅器に信号を通して信号増幅すると，雑音も増幅されると同時に内部雑音が加わる。雑音指数 F は増幅器の雑音性能を表す尺度であり，入力 SN 比に対する出力 SN 比の比として式 (6.24) で定義される。

$$F = \frac{P_{\text{in}}/N_{\text{in}}}{P_{\text{out}}/N_{\text{out}}} \tag{6.24}$$

式 (6.22)，(6.23) を用いると

$$F = \frac{1}{G} \frac{N_{\text{out}}}{N_{\text{in}}} = 1 + \frac{\Delta N}{GN_{\text{in}}} \tag{6.25}$$

となる。F はつねに 1 より大きい。すなわち，入力信号の SN 比のほうがつねに大きく，増幅器を通ると SN 比は劣化する。

光増幅器において内部雑音の原因は自然放出光である。自然放出光は増幅器のなかで当然増幅されるので，内部雑音は**増幅された自然放出光**（ASE：amplified spontaneous emission）となる。

自然放出光は，反転分布が形成されるすべての波長領域で発生するため，**図 6.13** に示すように，ASE は幅広い波長域に現れる。信号波長近傍以外での ASE は通常，光波長フィルタにより除去するが，信号波長近傍での ASE を除去することは難しい。除去できない信号波長での ASE が SN 比劣化の原因であり，光増幅器の雑音指数 F はつねに 2（3 dB）以上となることが証明されている。

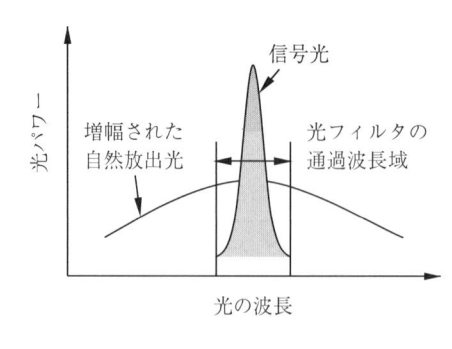

図 6.13 光増幅器における光雑音

（3） **光通信システムにおける光増幅器**　光増幅器を用いる光ファイバ通信システムの形態を図 6.14 に示す。光送信側では信号変調後に**ポストアンプ**として光増幅器を置き，光信号強度を増大させる。光ファイバ伝送路の途中では，**インラインアンプ**として光ファイバ伝送路で減衰した信号強度を回復させる。光受信器の直前では，**プリアンプ**として受光感度を改善するために用いられる。

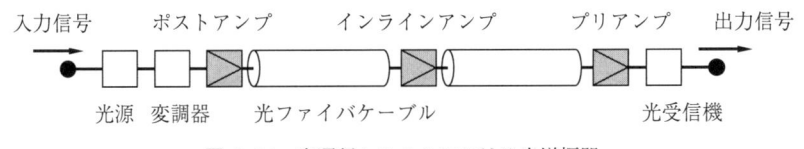

```
入力信号   ポストアンプ    インラインアンプ       プリアンプ    出力信号
  ●──□──▶□◀──◯──▶□◀──◯──▶□◀──□──▶●
     光源 変調器   光ファイバケーブル         光受信機
```

図 6.14　光通信システムにおける光増幅器

光ファイバ増幅器では，励起方法として光ポンピングを行うが，エルビウム添加光ファイバ増幅器の場合を例にとりその基本構成を図 6.15 に示す。図（a）に示すように，励起光の進行方向が信号光の進行方向と同じである励起方法を**前方向励起**と呼び，信号光と励起光を合波する光合分波器，逆方向に進行する光をカットする光アイソレータ，励起光や ASE を除去する光波長フィルタなどから構成される。光アイソレータは，光伝送路中の光雑音を減少させるためと，エルビウム添加光ファイバ中を信号光と逆方向に伝搬する光が増幅されて信号光の増幅利得を減少するのを防ぐために用いる。図（b）は励起光の進行方向が信号光とは逆の**後方向励起**を示し，図（c）は両方向から励起する**双方向励起**を示す。

励起光はエルビウム添加光ファイバで吸収されて急速に減衰するため，励起光の入射口付近が最も利得が高く進行方向に従い利得が減少する。このため増幅利得と光雑音には励起方向による違いが多少生じ，前方向励起の場合，利得に不利であるが雑音は比較的小さい。逆に後方向励起では，利得は高いが雑音も大きい。このため，プリアンプには前方法励起方法が，ポストアンプとインラインアンプには後方向励起または双方向励起方法が利用される。

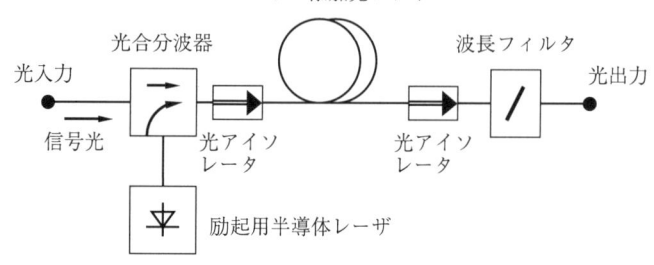

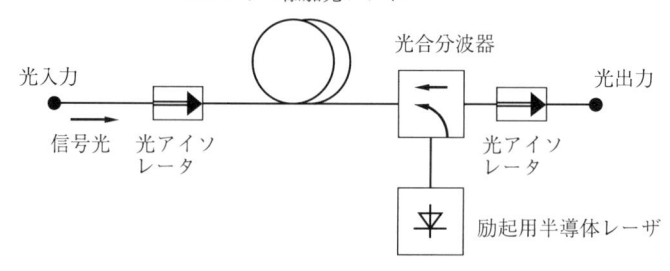

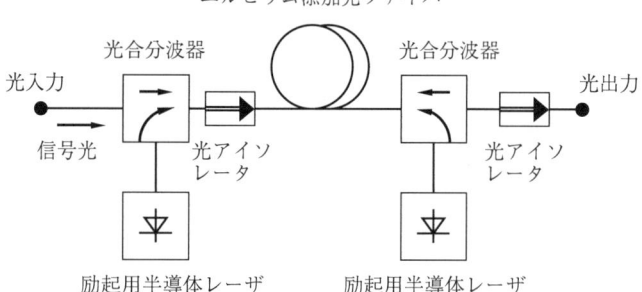

144   6. 光ファイバ増幅器

図 6.15 エルビウム添加光ファイバ増幅器の基本構成

(a) 前方向励起
(b) 後方向励起
(c) 双方向励起

6.2.2 エルビウム添加光ファイバ増幅器

先に述べたように，**エルビウム添加光ファイバ増幅器**（EDFA：erbium-doped optical fiber amplifiers）は，高利得，低雑音，偏波無依存など優れた特性をもつ代表的な光増幅器であり，最も早く実用に供せられた。

6.2 光増幅器

（1） 吸収と利得の波長域　エルビウムは原子番号 68 のランタノイド系希土類元素であり，石英ガラス中には 3 価プラスイオン（Er^{3+}）の形で混入する．光増幅器に使用する代表的なエルビウム添加光ファイバは，長さ 5 〜 50 m でコア内の中心部に濃度 200 ppm（原子数で約 10^{25} 個/m^3）のエルビウムと酸化アルミニウム（Al_2O_3）を添加したものである．コア内には屈折率を高める GeO_2 と増幅利得の波長特性をより平たんにする Al_2O_3 をともに添加することが一般的である．

図 **6.16** に，石英ガラス中のエルビウムイオン（Er^{3+}）のエネルギー準位図を示す．準位に付けられた記号はいわゆる Russel-Saunders 結合による表記であり，$^4I_{15/2}$ が基底準位である．各エネルギー準位では，周囲のイオンによる電界や不規則に配置されたガラス分子の影響で複数の副準位へと分離されている．特に $^4I_{13/2}$ 準位では波長 1 480 nm 吸収と波長 1 530 nm 増幅とに分離して利用できるほど副準位に分裂している．$^4I_{13/2}$ 準位より上の励起準位では，すべて非放射緩和過程により $^4I_{13/2}$ 準位に遷移する．$^4I_{13/2}$ 準位は基底準位 $^4I_{15/2}$ へ自然放出により遷移するが，このときの寿命は約 10 ms と十分に長いので基底準位との反転分布が容易に形成される．このため，この $^4I_{13/2}$ - $^4I_{15/2}$ 遷移を光増幅に利用する．

基底準位 $^4I_{15/2}$ より波長 1 480 nm の励起光で $^4I_{13/2}$ 準位へ，980 nm の励起光

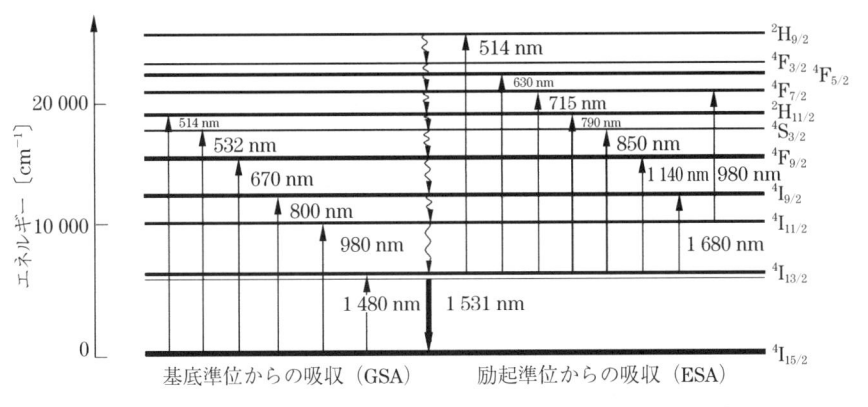

図 **6.16**　石英ガラス中のエルビウムイオン（Er^{3+}）のエネルギー準位図

で $^4I_{11/2}$ 準位へ，800 nm の励起光で $^4I_{9/2}$ 準位へとそれぞれ励起される。各波長で励起用の半導体レーザを用意できるが，励起準位からさらに励起されてしまうという励起準位吸収のため 800 nm では励起効率が悪い。980 nm と 1 480 nm 励起が一般的である。ともに，基底準位と二つの励起準位が光増幅に関係する 3 準位系である。

図 6.17 に，典型的なエルビウム添加光ファイバにおける $^4I_{13/2}$ - $^4I_{15/2}$ 遷移での吸収断面積と放出断面積の波長依存性を示す。各準位での副準位のため，吸収断面積と放出断面積には各波長で差を生じており，この差を 1 480 nm 励起に利用している。

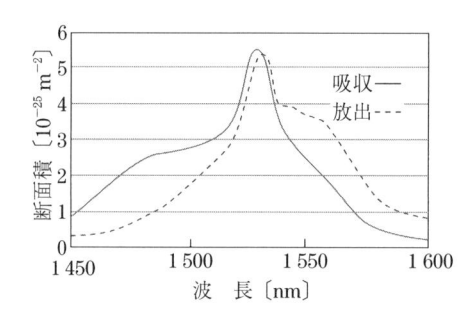

図 6.17 典型的なエルビウム添加光ファイバにおける吸収断面積と放出断面積

（2） 3 準位系モデル　エルビウム添加光ファイバ増幅器の増幅利得特性について，3 準位系原子のモデルで説明する。いま，図 6.18 に示すように，基底準位 1，励起準位 2 と 3 の 3 準位があり，各準位にある単位体積当りの個数を，それぞれ N_1，N_2，および N_3 とする。準位 3 から 2 へは非放射緩和過程で遷移し，寿命は十分短いので準位 3 にある個数は無視すると単位体積当りの全原子数 N は，次式で近似できる。

$$N \equiv N_1 + N_2 + N_3 \cong N_1 + N_2 \tag{6.26}$$

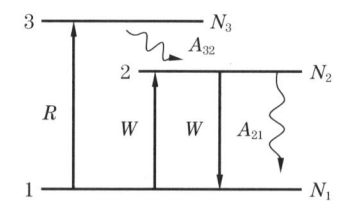

図 6.18 3 準位系モデル

6.2 光増幅器

励起光吸収による単位時間当りの $1\to 3$ 遷移確率を R，誘導吸収と誘導放出による単位時間当りの $1\to 2$ および $2\to 1$ 遷移確率を同じ W，自然放出による $2\to 1$ 遷移確率を $A_{21}=1/\tau_2$，非放射緩和過程による $3\to 2$ 遷移確率を $A_{32}=1/\tau_3$ とおくと，各準位にある原子数は

$$\frac{dN_1}{dt} = -RN_1 - WN_1 + WN_2 + A_{21}N_2 \tag{6.27}$$

$$\frac{dN_2}{dt} = WN_1 - WN_2 + A_{32}N_3 - A_{21}N_2 \tag{6.28}$$

$$\frac{dN_3}{dt} = RN_1 - A_{32}N_3 \tag{6.29}$$

の関係式で時間的に変化する．また，6.1.2項での議論から，各遷移確率は単位面積当り入射する光の強度と比例し，式 (6.30)，(6.31) となる．

$$R = \sigma_p n_p = \sigma_p \frac{I_p}{h\nu_p} \tag{6.30}$$

$$W = \sigma_s n_s = \sigma_s \frac{I_s}{h\nu_s} \tag{6.31}$$

ここで，n_p, n_s：振動数 ν_p の励起光，振動数 ν_s の信号光における単位面積当りの光子数

I_p, I_s：振動数 ν_p の励起光，振動数 ν_s の信号光における単位面積当りのエネルギー

σ_p, σ_s：$1\to 3$ 遷移の吸収断面積，$1\to 2$ および $2\to 1$ 遷移の吸収と誘導断面積

である．

定常状態に達すると各原子数の時間変化がなくなるので，式 (6.27)〜(6.29) では，次式より定常解を求めることができる．

$$\frac{dN_1}{dt} = \frac{dN_2}{dt} = \frac{dN_3}{dt} = 0 \tag{6.32}$$

途中での煩雑な式の変形を省略して（章末問題【5】参照），結果を示すと

$$N_2 - N_1 = \frac{I_p/I_{p0} - 1}{1 + 2\, I_s/I_{s0} + I_p/I_{p0}} N \tag{6.33}$$

となる。ここで

$$I_{s0} = \frac{h\nu_s}{\tau_2 \sigma_s}, \quad \text{および} \quad I_{p0} = \frac{h\nu_p}{\tau_2 \sigma_p} \tag{6.34}$$

とおいた。

式(6.33)が正のとき反転分布となる。したがって，I_{p0}は反転分布となるための励起光エネルギーの最小値(**しきい値**：threshold)である。反転分布が形成されると，信号光のエネルギーは式(6.20)に従って進行方向に増大する。しかしながら，式(6.33)をみると信号光のエネルギーが増大する，すなわち $I_s \to \infty$ のとき，$(N_2-N_2) \to 0$ となる。これは，I_s が十分大きくなると反転分布が消滅し増幅利得が生じないことを示す。その結果，増幅利得に飽和が生じる。**図6.19**に示すように，$I_{s0} \approx I_{p0}$ とおいたとき $I_s \approx I_p/2$ で (N_2-N_1) は約半分となる。

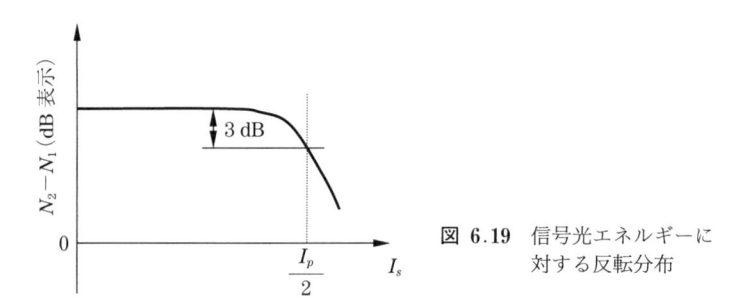

図 6.19 信号光エネルギーに対する反転分布

6.2.3 光ファイバラマン増幅器

光ファイバラマン増幅器(optical fiber Raman amplifiers)は，光ファイバでの非線形光学効果の一つである誘導ラマン散乱現象を用いたもので，反転分布を形成することによる光増幅とは異なる原理による。

ラマン散乱(Raman scattering)は，レイリー散乱と同様，媒質による光の散乱現象であるが，散乱される光の周波数，すなわち波長が異なる。**図6.20**は，レイリー散乱とラマン散乱の原理を説明する図である。図(a)に示すように，レイリー散乱では，入射する光の電磁界に誘発されて散乱物体内

(a) レイリー散乱

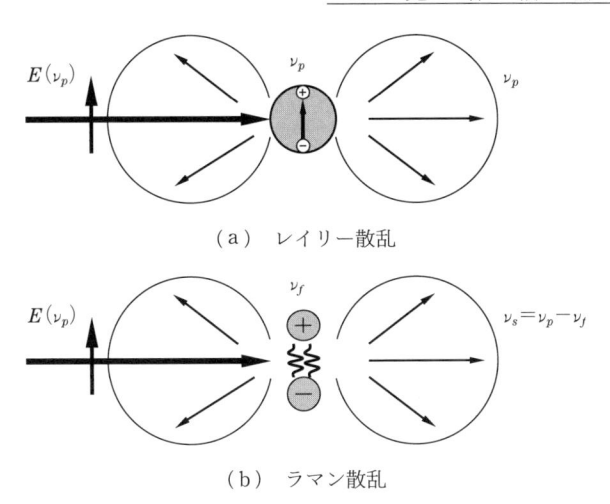

(b) ラマン散乱

図 6.20 レイリー散乱とラマン散乱

に入射光と同じ周波数の交流電界が発生し，その交流電界がダイポール（双極子）アンテナとなり周囲に光を散乱する。したがって，散乱光の周波数，すなわち波長は入射光と同じである。一方，ラマン散乱は，図（b）に示すように，伝搬媒質の分子振動と入射光の電磁界とが結合して分子振動の振動数 ν_f（ラマンシフト）との差で生れる振動数 $\nu_s = \nu_p - \nu_f$ の光が散乱される現象である。分子振動と光の電磁界結合は非線形光学効果の結果生じるものであるため，通常はレイリー散乱よりきわめて微弱である。

散乱される光の振動数 $\nu_s = \nu_p - \nu_f$ と同じ振動数をもつ光を信号光とし，振動数 ν_p のポンプ光を同時に媒質中に入射すると，信号光に誘導されて強いラマン散乱が発生する。これが**誘導ラマン散乱**（stimulated Raman scattering）現象である。この場合，ラマンシフトされた振動数 ν_s をもつ信号光が誘導する光であるので，励起原子からの誘導放出と同じく誘導散乱される光の周波数と位相は信号光と同じとなる。したがって，**図 6.21** に示すように，信号光における光増幅が実現される。石英系光ファイバはラマン散乱の生じる媒質であり，かつ単一モード光ファイバでは，コアの小さな面積内に光の閉じ込めをしているため強い光強度を比較的容易に実現できる。

6. 光ファイバ増幅器

図 6.21 誘導ラマン散乱

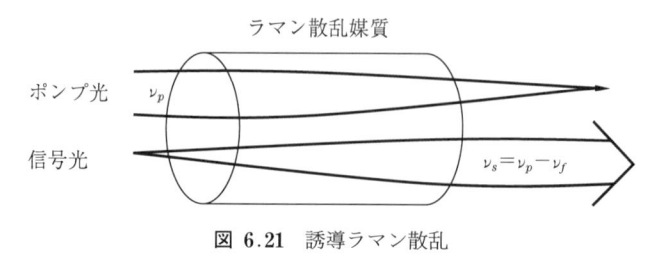

光ファイバラマン増幅における信号光とポンプ光の相互作用はつぎの連立方程式 (6.35), (6.36) で表される.

$$\frac{dP_s}{dz} = gP_pP_s - \alpha_s P_s \tag{6.35}$$

$$\frac{dP_p}{dz} = -\frac{\nu_p}{\nu_s}gP_pP_s - \alpha_p P_p \tag{6.36}$$

ここで, P_s, P_p は信号光とポンプ光のパワー, α_s, α_p は信号光とポンプ光の単位長さ当りの減衰率である. g はラマン利得係数と呼ばれるもので, 信号光とポンプ光との相互作用の強さを表す. **図 6.22** には, 各種光ファイバにおけるラマン利得係数の実測値を示す. ラマンシフトの周波数を横軸にしている. 4.3.3 項で説明した実効コア断面積が小さい光ファイバほどラマン利得係数は大きい.

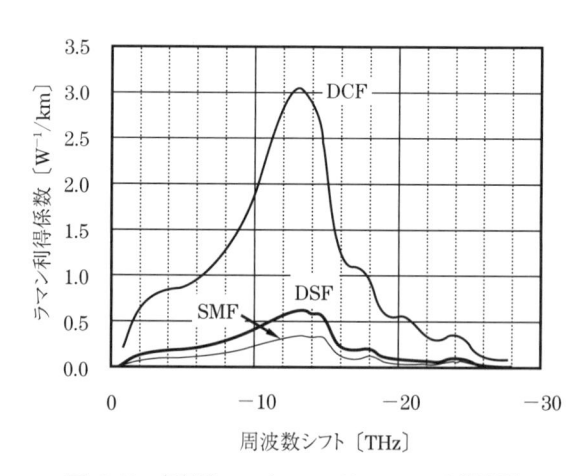

図 6.22 各種光ファイバにおけるラマン利得係数

なお，式 (6.35), (6.36) において減衰がないとすると

$$\frac{d}{dz}\left(P_s + \frac{\nu_s}{\nu_p}P_p\right) = 0 \qquad (6.37)$$

となる．これは信号光とポンプ光は伝搬中において両者を合計した全光子数が一定に保たれることを示している．すなわち，式 (6.36) の右辺における係数 ν_p/ν_s は一つの光子が変換されるときのエネルギー変化を表している．

光ファイバラマン増幅器は，伝送路として利用している光ファイバそのものを増幅媒体とすることができ，長い距離にわたり少しずつ増幅することから分布形 (distributed) 光ファイバ増幅器とも呼ばれる．ポンプ光の波長を適当に選択すれば増幅波長を自由に設定できることがこの増幅器の利点である．

章 末 問 題

【1】 ボーアの水素原子模型において，基底準位でのエネルギーを $-E_1$ とおいたとき，励起準位でのエネルギーは

$$E_n = -E_1 \frac{1}{n^2} \quad (n=2, 3, 4, \cdots)$$

で表せることを示せ．

【2】 $t=0$ のとき励起準位にある原子が自然放出寿命 τ_{21} を過ぎた $t=\tau_{21}$ のとき励起準位にある確率を求めよ．

【3】 反転分布が形成されている増幅媒質中を信号光が z 方向に伝搬すると，その光強度 $I(z) = I(0)e^{\sigma(N_2-N_1)z}$ に従って増大する．長さ L の媒質を伝搬したときの増幅利得を dB 単位で求めよ．

【4】 増幅原理の異なる3種類の光増幅器をあげ，それぞれの増幅特性における特徴または違いについて述べよ．

【5】 式 (6.33) を求めよ．

【6】 式 (6.35) においてポンプ光パワーが $P_p(z) = P_p(0)e^{-\alpha_p z}$ で表されるとき $z=L$ における信号光パワーを求めよ．ここで，$P_s(0)$, $P_p(0)$ はそれぞれ $z=0$ における信号光パワー，ポンプ光パワーとする．

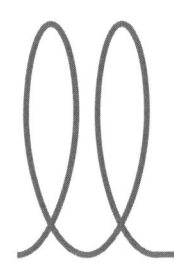

7. 半導体レーザ

　レーザ（laser）は light amplification by stimulated emission of radiation の頭文字をとって命名されている。誘導放出による放射の光増幅という意味であるので，6章で説明した光の増幅がその本質のように思われている。したがって，"レーザ発振"とか"レーザが発振する"という言葉がふつうに使われている。本来，レーザは自立的にコヒーレントな光を放射するものであるので，発振する，すなわち光を自己増殖するということがレーザの内容に含まれる。そのためには光増幅機構だけではなく共振器構造が必須である。

　1960年 T. H. Maiman らがルビーレーザの発振に成功して以来，通信に利用するための研究開発が一貫して行われてきた。1962年に GaAs（ガリウムひ素）半導体レーザの発振に成功してからは光通信システム用の光源には半導体レーザが本命であることが常識となり，多くの研究者がさまざまな問題を解決して今日に至っている。その開発過程においてさまざまな構造の半導体レーザが出現したが，本章ではそのなかでより一般的な半導体レーザの内容を紹介する。

7.1　レーザの原理

7.1.1　共振器構造

　レーザ発振するための必要条件は，（1）反転分布が形成されていること。すなわち，誘導放出による光利得が得られること，（2）2枚の鏡，または光ループなどによる共振器構造を形成していること，および（3）共振器内の光利得は共振器内での光損失より大きいこと，である。反転分布については6章で説明しているので，まず（2）と（3）について説明する。

7.1 レーザの原理

電気回路における発振器の原型を図 7.1 に示す．構成要素は増幅器とフィードバック回路である．増幅器により増幅された出力のうち一部を出力信号として出力し，一部をフィードバック回路により入力端子に再度入力する．入力は再度増幅されるが，増幅率が出力信号として出力される損失とつりあっているかぎりこのループは無限に続く．これが発振動作である．このとき，増幅器の周波数特性により発振周波数が決定する．すなわち最も利得の高い周波数で発振する．また，信号元となる火種は増幅器内部で発生する雑音である．

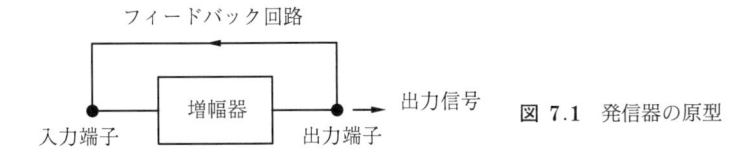

図 7.1 発信器の原型

レーザの基本構造を図 7.2 に示す．発振回路と同じく，増幅器である反転分布をもつ光増幅媒質とフィードバック回路となる 2 枚の鏡より構成される．反転分布が形成されているとき，媒質中を進行する光の強度は

$$I(z) = I_0 e^{(g-\alpha)z} \tag{7.1}$$

で増大することを 6.1.2 項で求めた．式 (6.20) より，基底準位にある原子数 N_1，励起準位にある原子数 N_2，吸収と誘導放出断面積を σ とすると，g は

$$g = \sigma(N_2 - N_1) \tag{7.2}$$

となる．光増幅にかかわらない吸収や散乱などによる内部損失は α とした．

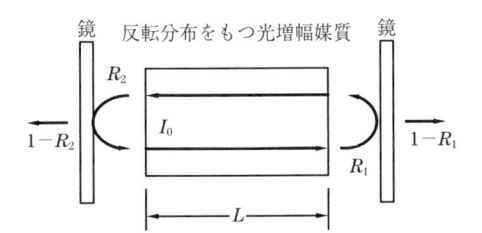

図 7.2 レーザの基本構造

図 7.2 のように，光増幅媒質の入口における光強度を I_0 とすると，この光は長さ L の媒質中を進行し反射率 R_1 の鏡で反射される．光は片側の鏡により再度反射され，結局，同じ入口の場所に戻る．このときの光強度 I_1 は

$$I_1 = I_0 e^{(g-\alpha)L} R_1 \times e^{(g-\alpha)L} R_2 = I_0 R_1 R_2 e^{2(g-\alpha)L} \qquad (7.3)$$

となる。I_1 が I_0 より大きくなると光は自己増殖することになるので発振が開始する。すなわち，発振が開始する増幅率のしきい値 g_{th} は

$$g_{th} = \alpha + \frac{1}{2L} \times \ln\left(\frac{1}{R_1 R_2}\right) \qquad (7.4)$$

となる。発振するとき，火種となる最初の光は自然放出，すなわち光増幅には雑音光である。また，増幅器の利得が式（7.4）以上にあると光は時間とともに増大するが，6.2.2項（2）の3準位系モデルより，光強度が強まると，あるレベルで反転分布が減少に転じ利得も減少する。このとき減少した利得が式（7.4）の右辺の値に近づいて光強度が飽和し，一定の値に落ち着く。一定となった光強度の一部が出力として外部に放射され，レーザ出力となる。

例7.1 増幅利得のしきい値

半導体レーザで活性層の屈折率を3.5とする。へき開端面を両方とも鏡とするファブリ・ペロ共振器を想定すると

$$R_1 = R_2 = 0.31 = 5.1\,\text{dB}$$

となる。内部損失 $\alpha = 10\,\text{cm}^{-1}$，共振器長 $L = 300\,\mu\text{m}$ とすると式（7.4）より

$$g_{th} = 10 + \frac{1}{2 \times 0.03} \times \ln\left(\frac{1}{0.31^2}\right) = 49\,\text{cm}^{-1}$$

となる。これを増幅器の利得 $G = e^{gL}$ に換算すると

$$10\log_{10} G = 4.34 gL = 4.34 \times 49 \times 0.03 \cong 6.4\,\text{dB}$$

となる。発振するためには増幅器利得が 6.4 dB 以上必要である。

7.1.2 発振モード

図7.2に示したように，2枚の平行反射鏡を共振器としているレーザを**ファブリ・ペロ（Fabry-Perot）形**という。半導体レーザでは半導体結晶の基板から結晶を成長させて反転分布をもつことになる活性層を形成するが，成長後基板を割った端面であるへき開面を反射鏡とするものをファブリ・ペロ形半導体レーザと呼ぶ。この場合，屈折率 n の共振器内部では，**図7.3**に示すように，レーザ発振により光の定常波が存在する。2.1.2項で説明しているが，こ

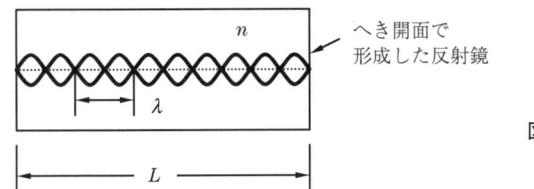

図 7.3 ファブリ・ペロ共振器における定常波

の定常波を**縦モード**（longitudinal modes）と呼び，モード次数 m とは

$$L = \frac{\lambda_m}{2n}(m+1) \tag{7.5}$$

の関係がある。ここで λ_m は m 次モードの空気中における波長である。

共振器長 L が 300 μm とすると波長 1.5 μm 近傍で m は 1400 ときわめて大きな数となる。すべての縦モードが発振するわけではなく，**図 7.4** に示すように，光増幅媒質のなかで式 (7.4) のしきい値以上の増幅率をもつ波長範囲に限られる。すなわち，活性層内部の損失より利得が上回る波長範囲で発振する。このとき，各縦モードの間の波長間隔 $\Delta\lambda$ は次式で表される。

$$\Delta\lambda \equiv \lambda_m - \lambda_{m+1} \cong \frac{\lambda_m^2}{2nL} \tag{7.6}$$

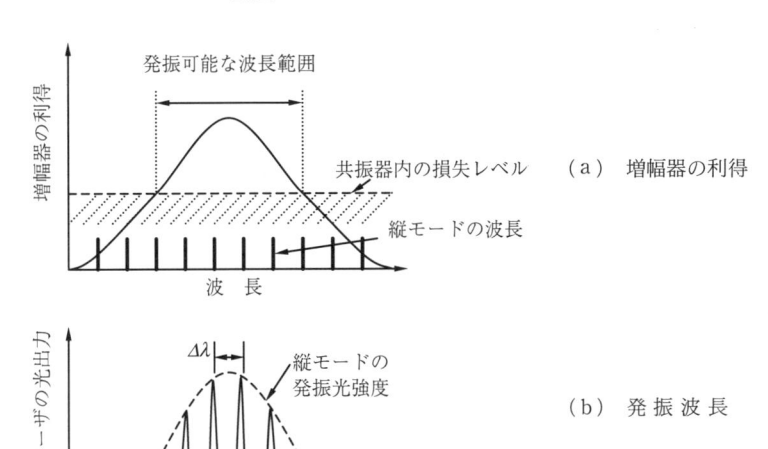

(a) 増幅器の利得

(b) 発振波長

図 7.4 縦モード発振強度スペクトル

例 7.2　半導体レーザにおける発振波長間隔と発振本数

$L = 300\ \mu m$, $n = 3.5$ のとき $\lambda_m = 1.5\ \mu m$ とすると

$$\Delta\lambda \cong \frac{\lambda_m^2}{2nL} = \frac{1.5^2}{2\times 3.5 \times 300} = 1.1\ \text{nm}$$

となる．また，利得が損失を上回る波長範囲を 80 nm とすると

$$\frac{80}{1.1} \fallingdotseq 73\ \text{本}$$

の発振は可能となる．

ファブリ・ペロ形半導体レーザでは多くの波長で発振するため，光ファイバ通信システムの信号光源として利用する場合にこの広い発振波長が光ファイバ波長分散によるパルスの広がりの原因となる．したがって，縦モード発振を1本とするように縦モードを抑制することが，高速光通信用光源としての半導体レーザに対する要求条件である．

7.1.3　半導体レーザにおける反転分布

孤立した原子が飛び飛びのエネルギー準位をもつことを 6.1.1 項で説明した．ところが，多くの原子が密集する固体では，別々の原子に属する電子の軌道が重なり合う結果，一つの準位が多くの準位に分裂して帯のようなエネルギー準位となる．いわゆる**エネルギー帯**（energy bands）を形成する．電子はこの範囲以外のエネルギーをとることができない．とれないエネルギー範囲を**禁制帯**（forbidden bands）と呼ぶ．

固体は全体としてエネルギーが小さいほうが安定しているので，エネルギー帯にある電子はできるかぎり低いエネルギー準位へと移動する．その結果，下位のエネルギー帯から電子が満たされていくが，金属や半導体の場合には上位のエネルギー帯に電子の空席が生じ電子はこの空席間を自由に移動することができる．この電子を**自由電子**（free electrons）といい，この上位のエネルギー準位を**伝導帯**（conduction band）と呼ぶ．このすぐ下には電子に充満されて電子は自由に移動できないエネルギー帯がある．これを**価電子帯**（valence band）という．以上に述べたエネルギー準位の構造を**バンド構造**と呼び，その形を図 7.5 に示す．

価電子帯にある電子が熱エネルギーなどの何らかのエネルギーを得て伝導帯に移動すると，価電子帯には電子の空席ができる．この空席につぎからつぎへと電子が入り空席が自由に移動すると，あたかも空席が正の電荷をもつ粒子のように振る舞う．これを**正孔**（positive holes）という．伝導帯にある電子と価電子帯にある正孔はともに半導体のなかで電気を運ぶ担い手であるため特に**キャリヤ**（carrier）という．半導体における光の発生は，このキャリヤどうしが結合することによる．すなわち，図 7.6 に示すように，伝導帯にある電子が価電子帯にある正孔と結合してともに消滅するかわりに，そのエネルギー差に相当する周波数をもつ光を放出する．

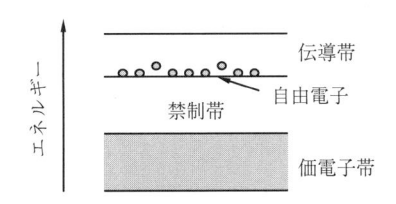

図 7.5　半導体におけるエネルギー準位

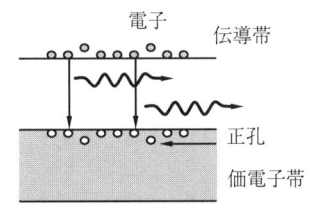

図 7.6　電子と正孔の結合

半導体において反転分布を形成するには，伝導帯に数多くの電子とその電子に見合った数の正孔が価電子帯に存在すればよい．それらが誘導されて一斉に結合すると誘導放出となる．伝導帯に多くの電子が余分に存在するようにするために，半導体を構成する原子より電子数がわずかに多い原子を少量混入することが行われる．そのような半導体を **n 型半導体**という．例えば，4 価のシリコン（Si）からなるシリコン結晶に 5 価の元素（Sb，As，P）を混入すれば n 型となる．逆に，電子数が少ない原子を混入すると正孔が余分に存在する半導体となり，**p 型半導体**と呼ぶ．シリコン結晶に 3 価の元素（B，Al，Ga，In）を混入すると p 型となる．

半導体レーザでは，p 型と n 型を接合してその接合面に電流を流し余分な電

子と正孔を集結させることで反転分布を形成する。**図7.7**に半導体レーザの基本構造を，**図7.8**にpn接合面でのエネルギー準位を示す。pn接合面に垂直に電圧を加え電流を流すと，図（b）に示すように，電子と正孔は接合面に集結し反転分布を形成する。この領域で電子と正孔が結合し誘導放出された光はへき開面を反射鏡としてレーザ発振に発展する。図7.7に示すようにレーザ光はへき開面に垂直に放射される。反転分布が形成されるpn接合面を**活性領域**と呼び，活性領域となる接合面を**活性層**という。

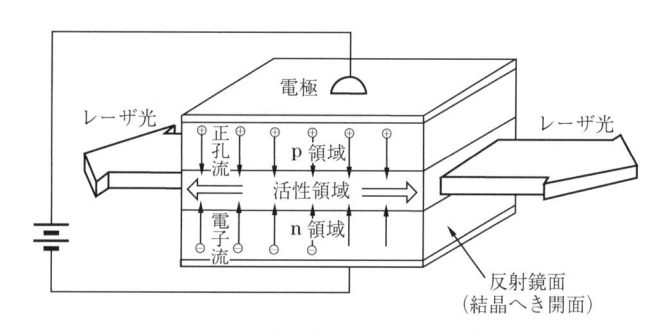

図 7.7　半導体レーザの基本構造

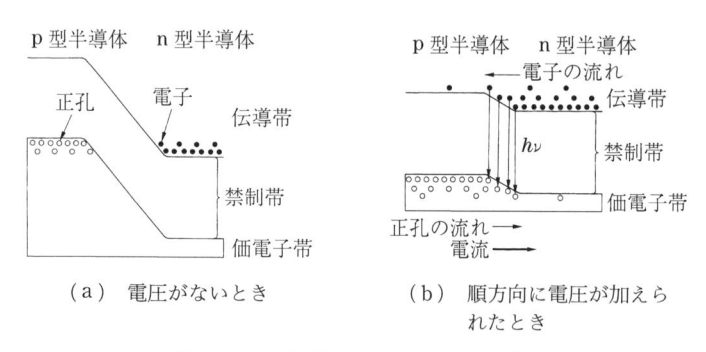

（a）電圧がないとき　　（b）順方向に電圧が加えられたとき

図 7.8　pn接合面でのエネルギー準位

図7.8のpn接合では同じ半導体材料のp型とn型を接合しているので，同じという意味の**ホモ接合**（homo-junction）という。一般にホモ接合の場合，室温ではキャリヤの運動エネルギーが大きいため接合面に十分な電子と正孔が集結せず，両者が結合する確率が低い。このためレーザ発振に至らず自然放出

光のみが放射される．このような半導体を**発光ダイオード**（LED：light emitting diodes）という．これに対し，禁制帯幅の狭い半導体を禁制帯幅のより広い半導体でサンドイッチのように挟む接合のしかたを**ダブルヘテロ接合**（double hetero-junction）という．ヘテロとは"異なる"という意味であり，ダブルヘテロとは異なる結晶の接合面が二重にあるという意味である．この技術により多くの電子と正孔を狭い活性層に閉じ込めることが可能になり，室温でのレーザ発振が確実なものとなった．

　図7.9にダブルヘテロ接合におけるエネルギー準位とキャリヤの流れを示す．図（a）のようにp型InPとn型InPの間により禁制帯幅の狭いGaInAsP混合結晶層を挟み接合する．図（b）のように接合面に順方向に電流を流すとキャリヤはヘテロ接合によるエネルギー障壁にぶつかりGaInAsP

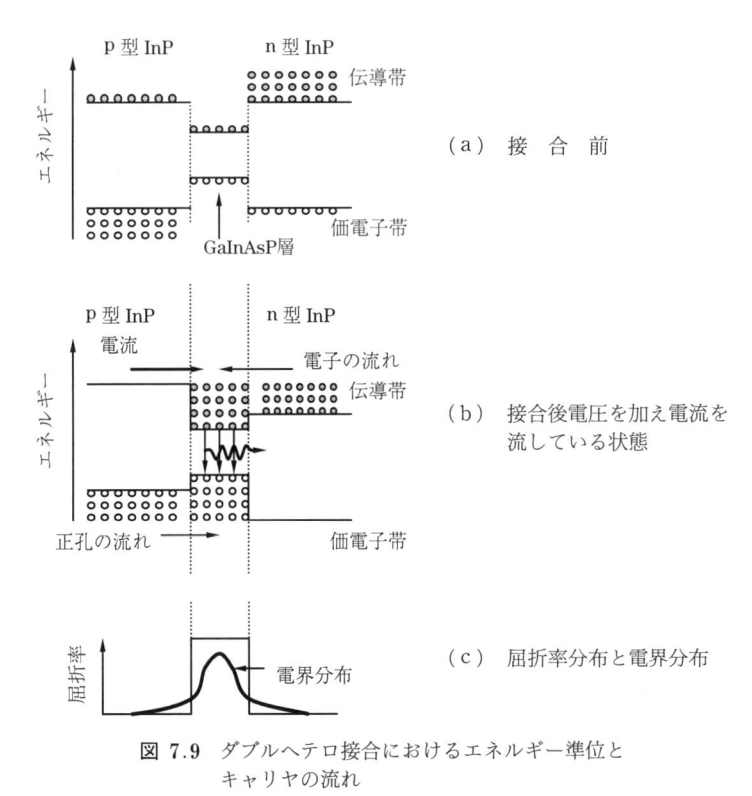

(a) 接合前

(b) 接合後電圧を加え電流を
　　流している状態

(c) 屈折率分布と電界分布

図 7.9　ダブルヘテロ接合におけるエネルギー準位と
　　　　キャリヤの流れ

混晶層にたまる。その結果，利得の大きな反転分布層が形成されレーザ発振に至る。このとき都合がよいことに，この活性層である GaInAsP 層は InP 層より屈折率が高いため，その層がコアとなり光が導波される。すなわち，活性層はキャリヤの閉じ込めばかりではなく光の閉じ込めも行うことになる。

7.1.4 光出力特性

半導体レーザに電流を注入すると，図 7.10 に示すような光出力が得られる。電流が十分小さいときには反転分布における増幅率がしきい値に達せず，微弱な光のみが放射される。発光ダイオードとして存在する領域である。電流を増加すると，増幅率が式 (7.4) のしきい値に達しレーザ発振を開始する。これが電流のしきい値 (I_{th}) である。さらにしきい値を超えると光出力は直線的に急増する。したがって，図のような特性となる。

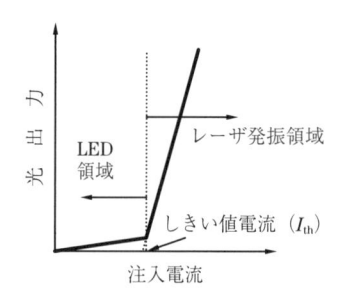

図 7.10 電流に対する光出力

7.2 半導体レーザの構造

7.2.1 基本構造と材料

半導体レーザには多くの構造があるが，その目的は増幅利得を大きくするためと発振モードを制御するためにある。光通信用信号光源としては，単一モードでのレーザ発振であることが，光ファイバ波長分散によるパルスの広がりを抑制するために必須である。また，レーザ出力を安定化させると同時に光ファイバとの結合損失の抑えるためにも単一モード発振であることが望ましい。

7.2 半導体レーザの構造

半導体レーザの構造を**図 7.11** に示す。二つの鏡を結ぶ方向を縦（longitudinal）方向，それに垂直な方向を横（transverse）方向と呼び，それぞれの方向に対応する伝搬モードを縦モードと横モードということはすでに述べた。横方向には，さらに接合面に垂直（vertical）な方向と平行（lateral）な方向がある。これら縦方向，垂直方向，平行方向はそれぞれの方向に対する境界条件に応じて固有モードをもつ。したがって，各方向に対して単一モードとなることが要求される。

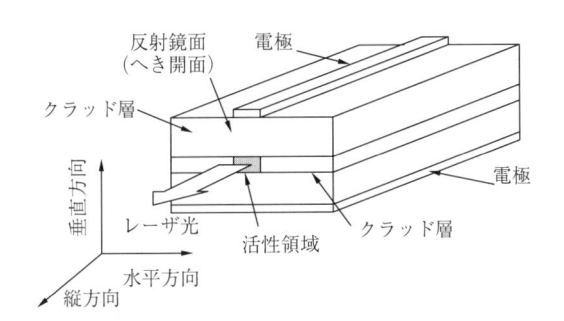

図 7.11 半導体レーザの構造

半導体レーザが実用機器に利用されるためには，室温で発振すること，低いしきい電流をもつこと，20 年以上の使用に耐えられることなど厳しい条件が課せられる。このような観点で材料を探すと，つぎの 2 条件がそろっていることが望ましい。

（1） ダブルヘテロ構造の活性層を形成できること，
（2） 電子と正孔が結合する際に両者の運動量が保存する遷移が可能なエネルギーバンド構造をもっていること，

である。(2) の運動量が保存する遷移のことを**直接遷移**といい，運動量が保存しない遷移のことを**間接遷移**という。間接遷移の場合には格子振動などから運動量を受けての遷移であるため遷移確率がきわめて低く，電気を光に変換する効率が悪い。

直接遷移のイメージを**図 7.12** に示す。伝導帯にある電子が低いエネルギー状態で存在するとき，図 (a) のように，止まっている状態しか許されないとする。このとき価電子帯にある低いエネルギー状態の正孔も同じく止まってい

7. 半導体レーザ

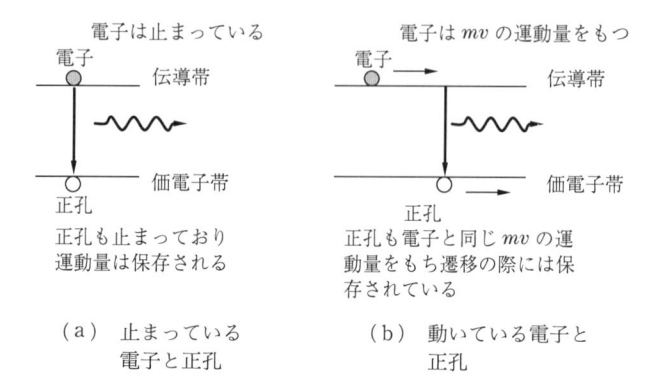

```
(a) 止まっている       (b) 動いている電子と
    電子と正孔              正孔
```

電子は止まっている／電子／伝導帯／正孔／価電子帯／正孔も止まっており運動量は保存される

電子は mv の運動量をもつ／電子／伝導帯／正孔／価電子帯／正孔も電子と同じ mv の運動量をもち遷移の際には保存されている

図 7.12 直接遷移のイメージ

る状態しか許されないとすると，運動量が保存されるためこの両者が結合する確率は高い。図 (b) のように，同じ運動量をもつ状態しか許されない場合も同様に運動量は保存されるため結合する確率が高い。

ところが，図 7.13 (a) のように，低いエネルギー状態の電子は伝導帯ではつねに mv の運動量で動く状態しか存在できないのに対して，価電子帯にある正孔は止まっている状態しか許されないとすれば，この両者が結合するためには格子振動から運動量を受ける必要がある。この結合は格子振動の介在を受けて初めて成立するので確率はきわめて低い。図 (b) のように，両者の許される状態が別の方向に動く場合であるときも同様である。LSI に利用されて

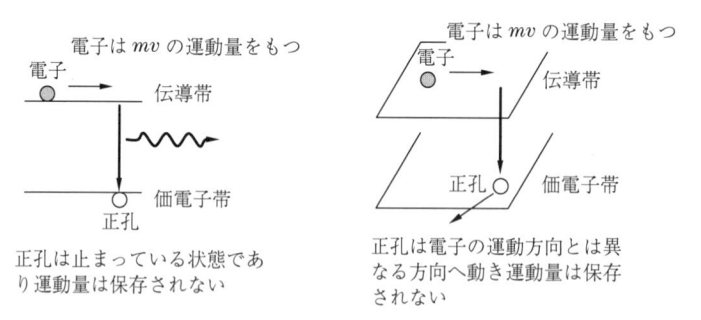

```
(a) 動いている電子と止    (b) 動いている電子とは
    まっている正孔            別の方向へ動く正孔
```

電子は mv の運動量をもつ／電子／伝導帯／正孔／価電子帯／正孔は止まっている状態であり運動量は保存されない

電子は mv の運動量をもつ／電子／伝導帯／正孔／価電子帯／正孔は電子の運動方向とは異なる方向へ動き運動量は保存されない

図 7.13 間接遷移のイメージ

いることでよく知られている Si 結晶はこの間接遷移形の半導体である。

　この 2 条件を満たす材料は，いずれも周期律表の III 族原子と V 族原子よりなる III-V 族半導体である。発振波長 0.7～0.9 μm の GaAlAs 材料（活性層は GaAlAs，基板は GaAs），発振波長 1.2～1.6 μm の GaInAsP 材料（活性層は GaInAsP，基板は InP），発振波長 0.39～0.43 μm の GaN 材料（活性層は GaInN，クラッド層は AlGaN および GaN）などである。光通信用半導体レーザには光ファイバの低損失な領域で発振する GaInAsP 材料が用いられる。

7.2.2　垂直方向の構造

　半導体レーザにおいて垂直方向とは，電流の流れる方向である。おもな構造として，ダブルヘテロ構造と**多重量子井戸**（MQW: multiple quantum well）**構造**の 2 種類がある。7.1.3 項では，ダブルヘテロ接合によりキャリヤの閉じ込めと光の閉じ込めを同時に実現していることを述べたが，光の閉じ込めは活性層がコアとなる光導波路構造が形成されるため達成される。したがって，垂直方向での活性層幅が十分狭ければ単一モードが実現される。

　活性層は通常，基板からの結晶成長により作製される。ダブルヘテロ構造の作製には，半導体材料を加熱溶液にして温度を徐々に下げるときの溶解度差を利用して結晶薄膜を形成する**液相エピタキシ法**がおもに用いられている。成長速度が速く再現性もよい優れた製法であるが，数 nm 厚の薄膜を作製することは困難である。**気相エピタキシ法**や**分子線エピタキシ法**では数原子層～数十原子層に相当する超薄膜の成長が制御でき，それらを多段に積み重ねた多重量子井戸構造のヘテロ接合が実現できる。

　図 7.14 に垂直方向の構造を，禁制帯幅と屈折率という観点で示す。図（a）はダブルヘテロ接合の場合であり，活性層では禁制帯幅が狭くなりキャリヤの閉じ込めがなされると同時に屈折率が高いため光導波路の構造となる。活性層の厚さは 100 nm 程度であり，$\varDelta n = 1.5$ の大きな比屈折率差に対して単一モード条件を満足する。

　図（b）は，数 nm 厚のダブルヘテロ接合を多段に積み重ねた多重量子井戸

164　　7. 半 導 体 レ ー ザ

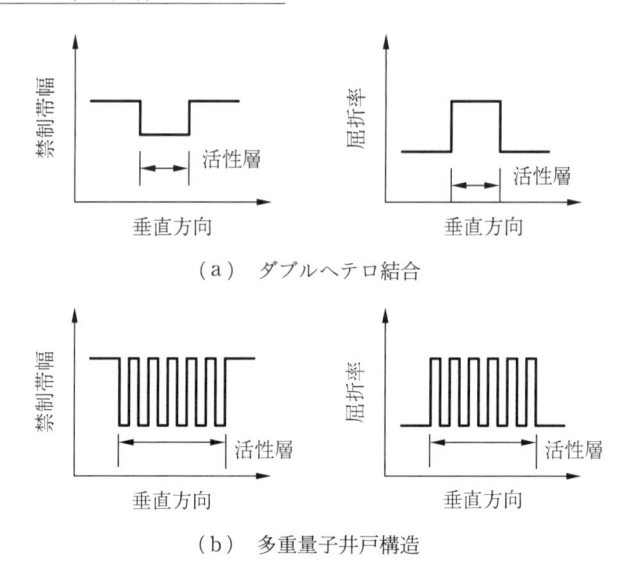

(a) ダブルヘテロ結合

(b) 多重量子井戸構造

図 7.14　垂直方向における禁制帯幅と屈折率の構造

構造を示す。一つの井戸では，その厚さが電子のド・ブロイ波長程度にあるほどの十分な薄さであるため，電子と正孔に波の性質が現れ定常波の状態でしか存在できない。この場合，多段にある活性層全体で幅約 100 nm の光導波路を形成し，その等価的な屈折率は低くなるので光導波路としては単一モードのみが存在可能となる。

図 7.15 に量子井戸構造における電子の量子準位を示す。図（a）に示すように，伝導帯の井戸にある電子は定常波となり飛び飛びのエネルギー準位に収まる。価電子帯にある正孔は，重い正孔と軽い正孔に分裂しそれぞれが各エネルギー準位に収まることが明らかにされている。したがって，各エネルギー準位での粒子の席の数は，これを**状態密度**というが，図（b）に示すようにエネルギーに対して階段状に増える関数となる。これに対して量子井戸構造でない場合には，エネルギーに対して2乗で増える連続関数となる。このことから，量子井戸構造においてエネルギーの低い状態では，同じエネルギーをもつ電子と正孔の数が増えることになり，注入する電流に対して光に変換される効率が高い結果が得られる。

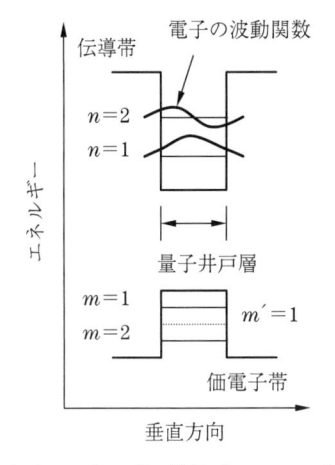

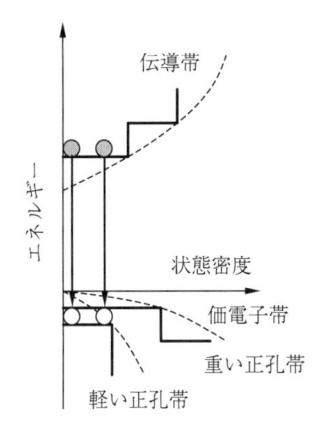

(a) エネルギー準位（n, m, m' は電子，軽い正孔，重い正孔の量子準位の番号を示す）

(b) 状態密度と光学遷移

図 7.15 一つの量子井戸構造における電子のエネルギー準位と状態密度

量子井戸構造の半導体レーザでは
(1) 注入電流に対して光に変換される効率が高い．その結果，低いしきい値電流が得られる，
(2) 効率が高いおかげで，光を変調するスピードが速く，変調周波数を高くできる，
(3) 量子井戸の幅を変えることにより発振波長を変化できる，
(4) 同じエネルギーをもつキャリヤの数が増えるので，発振波長における波長幅が狭くなる，

など多くの利点をもつ．したがって，多くの半導体レーザに利用されている．

7.2.3 水平方向の構造

活性層は，基板平面から結晶成長により作製されるため，水平方向に幅広く形成される．初期の半導体レーザでは，図 7.11 に示したようにストライプ状の電極から流れる電流の密度分布により活性領域を形成していた．この場合，

水平方向の幅が 10～20 μm となるためいくつかの横モードが発振する．この横モードの存在は，モード間で発振強度が変化し電流に対して直線的な光出力を得られない，単一モード光ファイバとの結合損失が大きくまた不安定である，などの欠点を有し，当時では大きな問題であった．

その後，水平方向の横モードを抑制するために多くの構造が提案され，この問題は解決している．その代表は**埋込み形**であり，構造例を**図 7.16** に示す．埋込み形ダブルヘテロ構造の半導体レーザである．活性領域は，水平面状に結晶成長した後ストライプ状にエッチングし，除去部分を再度結晶成長により埋め込んで作製する．幅は 1～2 μm であり単一モード発振のみが許される．

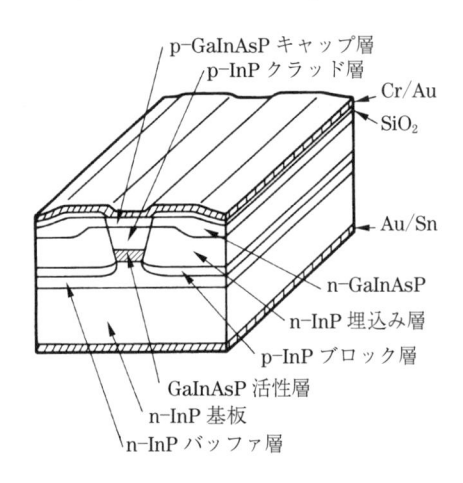

図 7.16 埋込み形ダブルヘテロ構造の半導体レーザ

7.2.4 縦方向の構造

縦モードの波長間隔は 1 nm 程度であるため，発振モードを抑制するためには狭い波長選択性のある光デバイスが必要である．この目的のため**グレーティング結合器**（grating couplers）が用いられている．

グレーティング結合器の原理を**図 7.17** に示す．光導波路のコアに周期的な変動を加えるとコア内を伝搬する光はその変動の影響を受け，その変動ごとにわずかな光が散乱される．光の波長と光導波路の変動周期とがうまく合うと，周期が十分長い場合には，各散乱光が干渉して入射方向とは反対側に進む反射

(a) 屈折率変動形

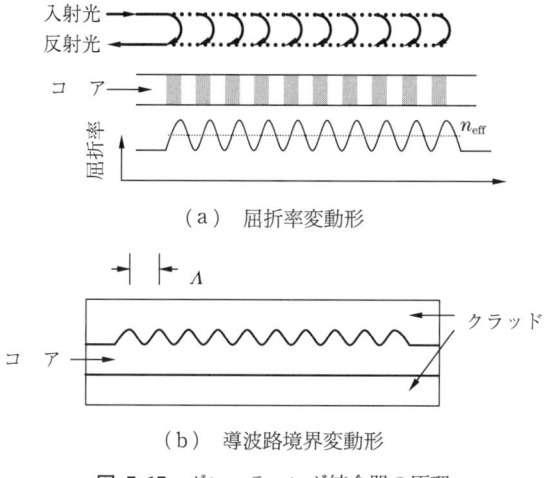

(b) 導波路境界変動形

図 7.17 グレーティング結合器の原理

光へと成長する。

図 (a) は光導波路の変動要因として屈折率の場合を示している。この場合，反射される光の波長を λ_B，グレーティングの周期を Λ，光導波路の等価的な屈折率を n_{eff} とおくと

$$\lambda_B = 2n_{\text{eff}}\Lambda \tag{7.7}$$

の関係がある（168 ページのひと口メモ参照）。図（b）はコア-クラッド境界を周期的に変動させた場合を示す。この場合も導波路幅変動に対して等価的な屈折率を仮定すれば，式 (7.7) で表される関係式で反射光の波長が決まる。

例 7.3 グレーティングの周期

半導体レーザにおける等価屈折率を 3.6 とおくと，波長 1 550 nm の光を反射するには

$$\Lambda = \frac{\lambda_B}{2n_{\text{eff}}} = \frac{1\,550}{2 \times 3.6} = 215 \text{ nm}$$

のグレーティング周期が必要となる。

半導体レーザでは，200 nm 程度の周期的な屈折率変動を形成することは困

難であるため，図（b）のように光導波路幅を周期的に変動してグレーティング結合器を実現している．具体的には，活性層の近傍に周期的な凹凸のある光導波路層を設けてそのなかで光が往復することにより共振器としており，このようなレーザを**分布帰還形**（DFB：distributed feedback）レーザと呼ぶ．発

ひとロメモ

Bragg 反射

周期的な構造をもつ物質からの反射に関する現象としてよく知られているものに，Bragg 反射がある．これは，X線をある種の結晶に照射したとき生じる回折・干渉現象である．**図 7.18** に示すように，原子面の法線に対して θ の角度で光（X線）を照射したとき，同じ角度で反射するためには

$$2\Lambda \cos\theta = m\lambda \quad (m=1, 2, 3, \cdots) \tag{7.8}$$

の関係が条件となる．式（7.8）を Bragg 反射条件，m を反射次数という．

いま，光導波路を伝搬する光が，図のように進行方向に垂直な面をもつ周期構造により反射されるとする．コア屈折率を n_1，真空中の波長を λ_0 とおくと，波長 $\lambda = \lambda_0/n_1$ であり，光導波路を伝搬するモードの伝搬定数を β とおくと

$$\beta = \frac{2\pi}{\lambda_0} n_1 \cos\theta$$

であるので，$m=1$ のときの式（7.8）は

$$2\beta = \frac{2\pi}{\Lambda} \tag{7.9}$$

となる．すなわち，周期構造の波数に対して半分の伝搬定数をもつモードが反射される．また，$n_\text{eff} \equiv n_1 \cos\theta$ とおくと式（7.7）が得られる．

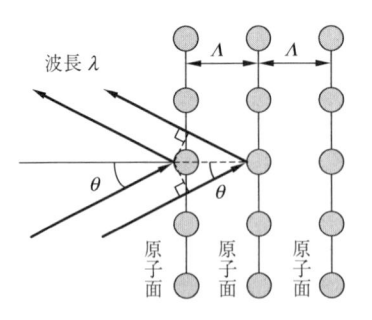

図 7.18 Bragg 反射

振波長は式 (7.7) となる。**図 7.19** にその構造例を示す。この構造では活性層の上側に光導波層がありこの光導波層の境界を周期的に変動させている。こうすることで発振しきい値が上昇することを防いでいる。また，埋込み形とすることで水平方向の横モードを抑制している。したがって，縦モードと横モードともに単一モードである。

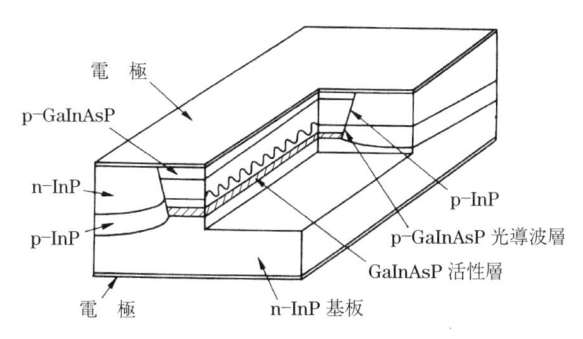

図 7.19　埋込み形分布帰還形レーザの構造

図 7.19 では半導体レーザの内部にグレーティングを設けているが，半導体レーザの外部にグレーティング結合器を取り付け，反射光を共振器内に戻すことにより単一モード発振を実現するものがあり，**外部共振器形レーザ**と呼ぶ。**図 7.20** にその例を示す。半導体レーザの出力側に，紫外線を照射して作製した**光ファイバグレーティング**を接続して片側のミラーとし，単一モード発振を実現する。この構造には，光ファイバグレーティングにさまざまな工夫を施すことにより発振波長を制御することが可能となる利点がある。光ファイバに応力を加えて発振波長を可変にすることや，温度変動に不変となる発振波長とすることなどが提案されている。

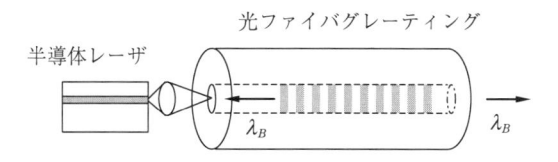

図 7.20　光ファイバグレーティングを用いた外部共振器形半導体レーザ

章末問題

【1】 レーザが発振するための条件を三つあげよ。

【2】 ファブリ・ペロ形半導体レーザにおいて，2枚のミラーの反射率をともに 0.50 とする。内部損失を $a=10\ \mathrm{cm}^{-1}$，共振器長を $L=300\ \mathrm{\mu m}$ としたとき，増幅率のしきい値を cm^{-1} 単位と dB 単位で求めよ。

【3】 発振波長が 1 300 nm の半導体レーザにおいて，共振器長を 300 μm，活性領域の屈折率を 3.5 とする。また，利得が損失を上回る波長範囲を 100 nm とする。
（1） 縦モードの発振波長間隔はいくらか。
（2） 発振本数は何本か。

【4】 半導体レーザにおいてダブルヘテロ接合を利用する理由を二つあげよ。

【5】 半導体レーザに適した材料となるための条件を二つあげよ。

【6】 量子井戸構造半導体レーザの優れた点を二つあげ，それぞれの理由を述べよ。

【7】 光ファイバグレーティングにおいて，等価屈折率を 1.46 とするときつぎの波長を反射するためのグレーティング周期を求めよ。
（1） 630 nm， （2） 1 310 nm， （3） 1 550 nm

【8】 半導体レーザにおいて，横モードと縦モードのすべてを単一モードで発振させるとする。このレーザにおける活性層近傍の構造の設計図を示せ。

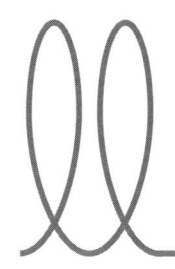

8. 受 光 器

　光ファイバ通信システムの最後には光信号を電気信号に変換する受光器が登場する。光の吸収による電子・正孔対の生成という現象を利用しているので，アインシュタインの光電効果（1905年）がその基本原理である。この現象は光の粒子説の根拠となったものである。確かに，受光器における光信号と電気信号の動作を説明する際には，波としての光はあまり登場しない。たぶん，信号情報を光パワーの変動に乗せる光強度変調（IM：intensity modulation）方式を暗黙の前提としているせいであろう。本書では説明しないが，コヒーレント通信では波としての光が受光器に登場する。

　本章では，受光器の原理と高周波特性を説明し，受光後における信号対雑音比（SN比）の求め方について述べる。

8.1 各種受光器

8.1.1 半導体材料

　伝導帯と価電子帯のエネルギー差に相当する波長より短い波長の光が半導体に入射すると，価電子帯にある電子が伝導帯に励起される。この結果，生成される電子・正孔の対が電流として回路に流れることにより半導体は受光素子として働く。図 **8.1** にその様子を示す。エネルギー差（バンドギャップ）を E_g とすると

$$E_g \equiv h\nu_1 = h\frac{c}{\lambda_1} \tag{8.1}$$

で定義される λ_1 より短い波長で吸収が生じる。このとき光から電流へのエネルギー変換の効率を示す尺度として式（8.2）の**量子効率** η が定義される。

8. 受光器

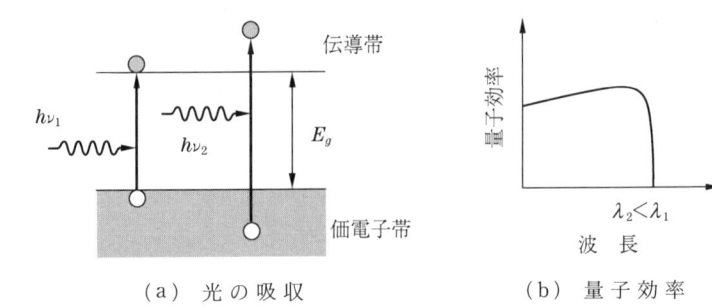

(a) 光の吸収

(b) 量子効率

図 8.1 光吸収と量子効率

$$\eta = \frac{i/e}{P_{\text{in}}/(h\nu)} \tag{8.2}$$

ここで，i は流れる電流，$e=1.602\times10^{-19}$ C は電子の電荷，P_{in} は半導体に入射する光パワーである。したがって，式 (8.2) は，入射する光子の数（分母）に対する，生成される電子の数（分子）の割合ということになる。

量子効率は，図 8.1（b）に示すように，式 (8.1) の λ_1 より短波長で急に立ち上がる。**図 8.2** には各種半導体受光素子における量子効率を示す。ケイ素（Si）やゲルマニウム（Ge）では量子効率が 80％以上に達し，受光素子として優れている。また，これらの材料の長波長における立上がり〔図 8.1（b）における λ_1 から短波長側での立上がりに相当する〕が緩やかであるのは，こ

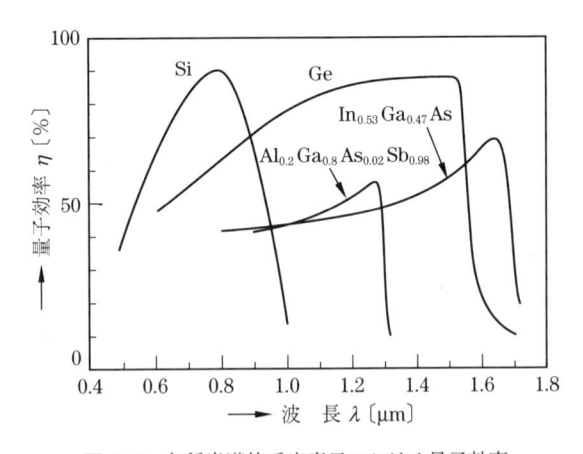

図 8.2 各種半導体受光素子における量子効率

れらは間接遷移形の半導体であり，エネルギーが低い状態では運動量の保存則にしばられて遷移確率が小さいためである。この点，Ⅲ-Ⅴ族の化合物であるAlGaAsSb や InGaAs は直接遷移形の半導体であるため急速な立上がりをみせる。

光ファイバにおける最低損失波長帯である 1 500〜1 600 nm に着目すると，InGaAs は量子効率が 50 ％以上で波長変化が小さく最も優れた材料である。したがって，光ファイバ通信システムでは半導体レーザと同じくこの化合物が受光器の半導体材料に利用される。

8.1.2 pin フォトダイオード

最も基本的な受光器は **pin フォトダイオード**（pin photodiodes : pin-PD）である。図 8.3（a）にその構造を示す。不純物密度の小さい i 層（intrinsic 層：高純度層）を，高濃度の p 型と n 型半導体で挟んだ構造である。光は pin 接合に垂直に入射する。また，pin 接合にはつねに逆バイアス V が印加されており，p 層と n 層には電位差が生じている。図（b）にエネルギー帯の構造を示す。光が i 層に入射すると電子が励起して電子が伝導帯，正孔が価電子帯に生まれるが，これらキャリヤが逆バイアスによる電界に掃引されることにより電流が発生する。

i 層は光が吸収される範囲を広くし吸収効率を上げるためと，コンデンサと

(a) 構　　造　　　　　　　　(b) エネルギー帯

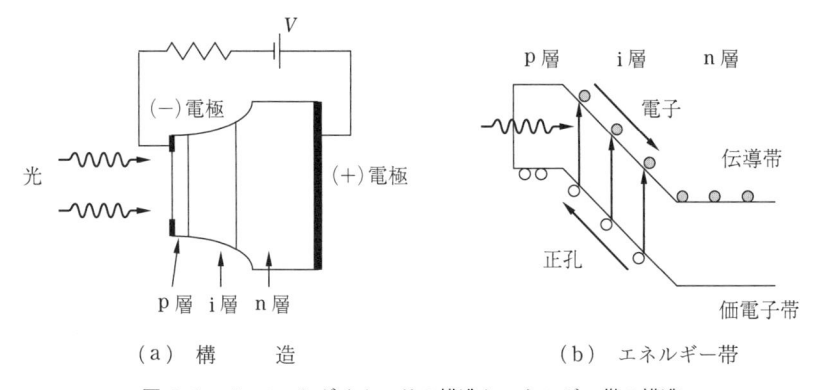

図 8.3　pin フォトダイオードの構造とエネルギー帯の構造

してのpn接合容量を小さくするためにある。高い周波数の信号成分をもつ光パワーに対して忠実な電気信号を発生するためには受光器の容量を小さくする必要がある。図8.4に，負荷抵抗に接続されたpinフォトダイオードの等価回路を示す。受光器は電流源$i(t)$で表せるが，ダイオードのpin接合による容量Cと負荷抵抗Rが接続される。電流源$i(t)$の時間変化に対して負荷抵抗Rに加わる電圧が応答する速度は，時定数RCにより概算することができる。

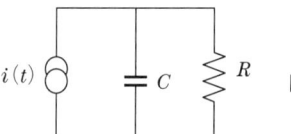

図 8.4　pinフォトダイオードの等価回路

例8.1　コンデンサの容量と応答速度の計算

図8.5に示すように，面積S，間隔dの平行平板コンデンサにおいて，内部に誘電率$\varepsilon_r \varepsilon_0$の誘電体が挟まれているとき，コンデンサの容量$C$は

$$C = \frac{\varepsilon_r \varepsilon_0 S}{d} \tag{8.3}$$

となる。コンデンサとしてのpinフォトダイオードでは，受光面の面積がS，i層の幅がd（より正確には空乏層幅）となる。さらに比誘電率を光の屈折率nから$\varepsilon_r = n^2$と近似する。受光面の直径250 μm，i層の幅30 μm，屈折率3.5とおくと

$$C = \frac{3.5^2 \times 8.85 \times 10^{-12} \times \pi \times (125 \times 10^{-6})^2}{30 \times 10^{-6}}$$

$$\cong 0.18 \times 10^{-12} = 0.18 \text{ pF}$$

となる。

負荷抵抗を50 Ωとすると，回路の時定数$\tau = RC$は

$$\tau = 50 \times 0.18 \times 10^{-12} = 9.0 \times 10^{-12} = 9.0 \text{ ps}$$

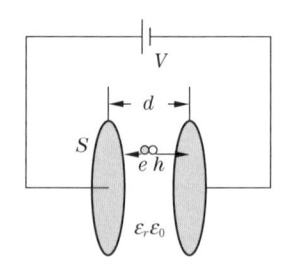

e：電　子
h：正　孔

図 8.5　コンデンサの容量

となる．

一方，高周波応答を制限する要因に生成されたキャリヤがi層を横断するために必要な走行時間がある．キャリヤがi層を横断する前に信号の位相が変わると，電流が時間平均されて十分な信号電流が得られない．電子のドリフト速度 v_d を Si での値 1×10^5 m/s とすると，幅 30 μm の i 層を走行する時間 t_d は

$$t_d = \frac{d}{v_d} = \frac{30\times10^{-6}}{1\times10^5} = 300\times10^{-12} = 300 \text{ ps}$$

となる．回路の時定数と比較すると2けた長い．したがって，この場合はキャリヤの走行時間により高周波応答が制限されることとなる．

i層の幅を狭くするとコンデンサ容量が増して回路の時定数が増える要因となり，広くすると今度は走行時間により制限される．システムに必要とされる高周波応答速度に合わせて最適な設計が求められる．

pinフォトダイオードは，簡単な構造で安価であり，つぎに説明するアバランシフォトダイオードと異なり低電圧負荷で動作する．電流増幅機能がないのが唯一の欠点であったが，光ファイバ増幅器が利用しやすいコストに至ったため現在ではプリアンプと組み合わせて光ファイバ通信システムに利用されている．

8.1.3 アバランシフォトダイオード

pinフォトダイオードの逆バイアス電圧を増加させて降伏電圧近傍に設定するとする．n層とp層の間には高い電圧が加わり，**図 8.6** に示すように，この間に電子が注入されると電子は加速され原子と衝突する．このとき電子の運動エネルギーが変換されて電子・正孔対を発生させる．発生した電子と正孔は内部の電界によりそれぞれの方向に加速されて再び電子・正孔対を発生させる．このようにしてキャリヤは急激に増加し，きわめて大きな電流が得られる．これを**アバランシ**（雪崩）**増幅**といい，この現象を利用した受光素子を**アバランシフォトダイオード**（APD：avalanche photo-diodes）と呼ぶ．APD は内部

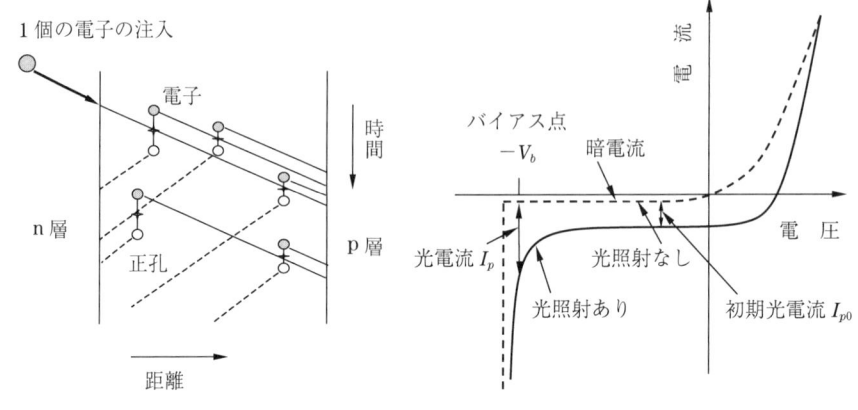

図 8.6 アバランシ増幅　　　図 8.7 APD における電圧-電流特性

に増幅器をもつフォトダイオードということができ，システムからみると APD かプリアンプと pin-PD との組合せかという選択になる。

図 8.7 にフォトダイオードにおける電圧 - 電流特性（V-I 特性）を示す。逆バイアスの電圧を加えると，図の点線で示すように，光照射がなくてもわずかな電流が流れる。これを**暗電流**（dark current）と呼ぶ。さらに逆電圧を加えるとある電圧で急激に電流が増加する。電流の雪崩倍増が起きるためであり，この電圧を降伏（break down）電圧という。この降伏電圧よりわずかに低い電圧に逆バイアス点を設定すると，光照射に比例した大きな電流が得られる。図では，実線で光照射のある場合での電流を示す。

印加電圧が低いときには光電流は電圧に対してほぼ一定であり，このときの電流を初期光電流 I_{p0} という。降伏電圧直前のバイアス電圧に設定して光電流に雪崩増倍を起こさせたときの電流を I_p とおくと，増倍率 M は

$$M = \frac{I_p}{I_{p0}} \tag{8.4}$$

で定義される。

バイアス電圧は増倍率に大きく影響し，またキャリヤの走行時間を左右することは高周波応答にも影響することを意味する。APD を安定に動作させるためには，降伏電圧に近い高電圧であるバイアス電圧をよくコントロールする必

要がある．これが欠点となり，プリアンプと pin-PD の組合せを利用するほうが多くなっている．

8.2 信号対雑音比

8.2.1 受光器回路

光信号が正しく受信されるかということが受信器の性能を決定する．光信号を正確に認識するためには，雑音パワーに対して信号パワーが十分な大きさでなければならない．6.2 節で述べたが，許容される雑音パワーのレベルを求めるために，**信号対雑音比**（SN 比）が用いられる．

受光器には，図 8.8 に示すように，バイアス電圧源と負荷抵抗が直列に接続される．電流源として動作する受光器には，式 (8.2) により

$$i = \frac{e\eta}{h\nu} P_{\text{in}} M \tag{8.5}$$

の電流が流れる．ここで，M は APD の電流増倍率であり，pin-PD では当然 $M=1$ である．

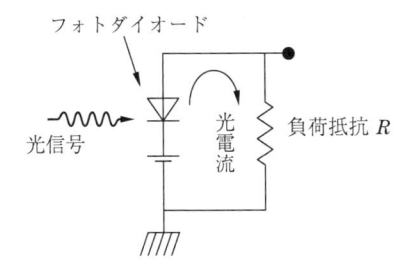

図 8.8 受光器回路

この回路には，SN 比を劣化させる雑音電流 $i_N(t)$ が流れるが，その様子を図 8.9 に示す．回路に流れる電流 $i(t)$ は，信号電流 I_S とこの雑音電流である．雑音電流とは十分な時間間隔で平均すれば 0 となるような電流であるので，信号電流は時間間隔 T で平均すれば得られる．したがって

$$I_S \equiv \frac{1}{T} \int_0^T i(t) dt \tag{8.6}$$

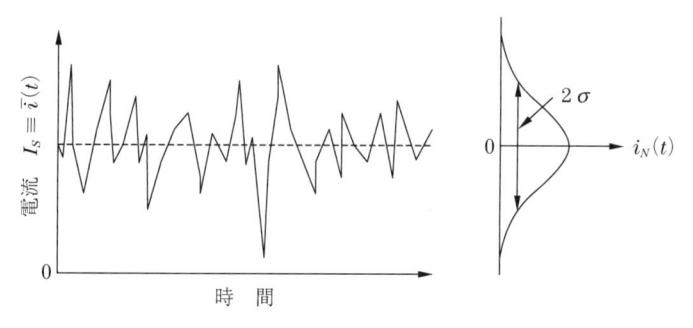

図 8.9 信号電流と雑音電流

である。このとき信号電力 S は負荷抵抗に流れる信号電流より
$$S = I_s^2 R \tag{8.7}$$
となる。

一方，雑音電流は時間間隔 T で平均化すれば 0 となるので
$$\frac{1}{T}\int_0^T i_N(t)dt = 0 \tag{8.8}$$
となり，雑音電力 N は
$$N \equiv \frac{1}{T}\int_0^T i_N^2(t)Rdt = \frac{1}{T}\int_0^T [i(t)-I_s]^2 Rdt \tag{8.9}$$
となる。雑音電力は電流の分散を時間平均すれば得ることができる。受光器回路における雑音はショット雑音と熱雑音であり，この雑音による電力を電流の分散値で求めることにする。

8.2.2 ショット雑音

ショット雑音は，受光器に信号光が入射したとき電子・正孔対の発生がインパルス状であることに起因するものである。すなわち，入射する光の強度に合わせてなだらかに（アナログ的に）光電流が生じるのではなく，いくつかの電流パルスが発生し，その平均が信号電流となるような発生のしかたをするために生じる。このような発生のしかたをする流量としてよく知られているものに，電話トラヒックがある。発生頻度は**ポアソン分布**（Poisson distribution) に従うことが知られている。

いま，光電効果による電子の発生がまったくランダムであると仮定する。「発生がランダムである」とは，図 8.10 のように，ある電子の発生が周囲の電子の動向に左右されず，例えば隣りが発生したから発生するまたは抑制するということのない，まったく独立に（自立的に）発生することをいう。このとき，0 から T 時間経過する間に N 個の電子が発生する確率 $P_N(T)$ を求める。

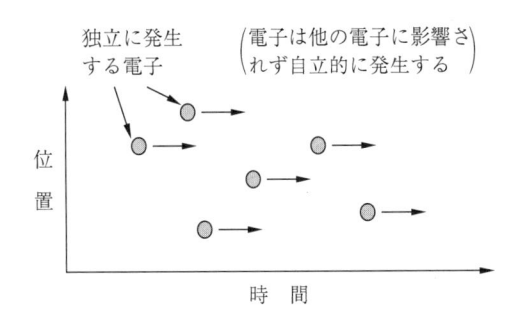

図 8.10 電子の発生のしかた

図 8.11 に，電子が発生するモデルを示す。時間 T を，高々一つの電子しか発生しないほど細かく分割する。いま K 個の区間に分けると，一つの区間における時間間隔は

$$\varDelta T = \frac{T}{K} \tag{8.10}$$

となる。この $\varDelta T$ の間に電子が一つ発生する確率を $n\varDelta T$ とすると，T の間に N 個の電子が発生する確率 $P_N(T)$ は，つぎのようにして求まる。

N 個の区間で電子が発生する確率：$(n\varDelta T)^N$

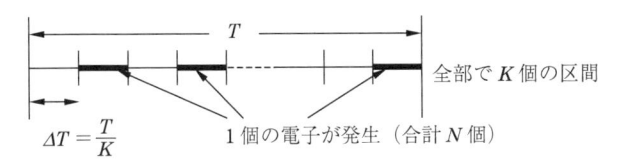

図 8.11 電子の発生モデル

$(K-N)$ 個の区間で電子が発生しない確率：$(1-n\varDelta T)^{K-N}$

K 個のなかで N 個を選ぶしかたの数：${}_KC_N = \begin{pmatrix} K \\ N \end{pmatrix} = \dfrac{K!}{N!(K-N)!}$

したがって，二項定理より

$$P_N(T) = {}_KC_N (\varDelta Tn)^N (1-\varDelta Tn)^{K-N} \tag{8.11}$$

となる。ここで，分割数 K を非常に大きくし，$K \to \infty$ の極限を考えると

$$P_N(T) = \lim_{K \to \infty} \frac{K!}{N!(K-N)!} \left(\frac{nT}{K}\right)^N \left(1-\frac{nT}{K}\right)^{K-N}$$

$$= \frac{(nT)^N}{N!} e^{-nT} \tag{8.12}$$

が求まる（章末問題【4】参照）。これはポアソン分布である。

時間 T の間に発生する電子の個数の平均値は（ひと口メモを参照）

$$\langle N \rangle = \sum_{N=0}^{\infty} N P_N(T)$$

$$= nT \tag{8.13}$$

となる。したがって，単位時間当りに発生する電子の個数は

$$\frac{\langle N \rangle}{T} = n \tag{8.14}$$

であり，発生した電子による電流は

$$I_S = en \tag{8.15}$$

となる。この電流は発生個数の平均値より求めているため，式（8.6）より信号電流を表す。

一方，雑音電流の 2 乗に対する時間平均は，式（8.9）より発生する電子個数の分散より求めることができる。

$$\frac{1}{T} \int_0^T i_N{}^2(t)dt \equiv \langle i_N{}^2(t) \rangle = \langle (i-I_S)^2 \rangle$$

$$= \left\{ e^2 \left(\frac{N-\langle N \rangle}{T}\right)^2 \right\} = e^2 \frac{\langle N \rangle}{T^2} = e^2 \frac{n}{T} = \frac{eI_S}{T} \tag{8.16}$$

となる。ここで，式（8.14），（8.15），および式（8.12）のポアソン分布では分散が $\langle N \rangle = nT$ となることを用いた。

式 (8.16) は，時間間隔 T で平均化した雑音電力は T の逆数に比例することを説明する。時間間隔の逆数は周波数であることを考えると，ある周波数 f_1 と f_2 との間にある雑音電力は負荷抵抗 R をかけて

$$eI_sR\left(\frac{1}{T_1}-\frac{1}{T_2}\right) = eI_sR(f_1-f_2) = eI_sR\Delta f \tag{8.17}$$

となり，単位周波数当りの雑音電力は eI_sR となる。すなわち，ショット雑音電力とはどの周波数においても単位周波数当り eI_sR となる平たんなスペクトルである。したがって，周波数帯域 B をもつ受光器回路における全ショット雑音電力 N_s は

$$N_s = 2eI_sRB \tag{8.18}$$

となる。ここで，2 は周波数帯域を $0 \sim +\infty$ Hz で定義したため付加されたものであり，式 (8.17) の電力は $-\infty \sim +\infty$ Hz の周波数帯域で定義される。

式 (8.18) を求めた最初の仮定は，「電子の発生がランダムである」ということである。このことから電子の発生はポアソン分布に従うということが明らかにされた。電子は光電効果により光子から変換されて発生しているので，量子効率を 100％とする，すなわち 1 個の光子より必ず 1 個の電子が発生するとすると，光子はポアソン分布に従うこととなる。いま，光が単位時間当り平均して n 個入射し $h\nu n$ の平均光パワーをもつとしたとき，時間 T の間に N 個の光子が入射する確率は式 (8.12) に従う。

ひと口メモ

ポアソン分布

式 (8.12) はポアソン分布として知られている。分布の形は

$$P_N(T) = \frac{(nT)^N}{N!}e^{-nT} \tag{8.19}$$

であるが，二項分布である式 (8.11) より分割数 K を無限大として求めたことからわかるように，二項分布で表される発生確率において発生頻度の少ない現象の近似でもある。平均値を求めると

$$\langle N \rangle \equiv \sum_{N=0}^{\infty} NP_N(T) = \sum_{N=0}^{\infty} N\frac{(nT)^N}{N!}e^{-nT} = nT\sum_{N=0}^{\infty}\frac{(nT)^{N-1}}{(N-1)!}e^{-nT}$$

8. 受光器

$$= nT \sum_{N=0}^{\infty} P_N(T) = nT \tag{8.20}$$

となり，式 (8.20) を用いて

$$P_N = \frac{\langle N \rangle^N}{N!} e^{-\langle N \rangle} \tag{8.21}$$

と書ける。また，分散は

$$\langle (N - \langle N \rangle)^2 \rangle \equiv \sum_{N=0}^{\infty} (N - \langle N \rangle)^2 P_N(T)$$

$$= \sum_{N=0}^{\infty} N^2 P_N(T) - \langle N \rangle^2$$

$$= \sum_{N=0}^{\infty} N(N-1) \frac{\langle N \rangle^N}{N!} e^{-\langle N \rangle} + \sum_{N=0}^{\infty} N \frac{\langle N \rangle^N}{N!} e^{-\langle N \rangle} - \langle N \rangle^2$$

$$= \langle N \rangle^2 + \langle N \rangle - \langle N \rangle^2$$

$$= \langle N \rangle \tag{8.22}$$

となり，平均値と同じとなることが特徴である。

図 8.12 に $\langle N \rangle = 1$，3，および 10 の場合におけるポアソン分布を示す。$\langle N \rangle$ が大きくなるとポアソン分布はガウス分布形に近くなる。すなわち，平均値 $\langle N \rangle$，分散 $\langle N \rangle$ のガウス分布で近似できる。

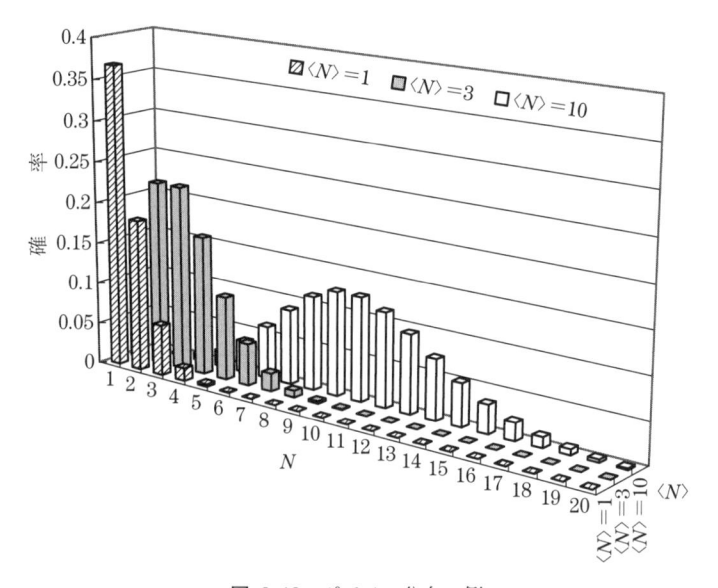

図 8.12 ポアソン分布の例

8.2.3 熱雑音

電子は導体内で熱運動する。その方向や速度はまったくランダムで，運動の大きさは絶対温度 T_a に比例する。この運動が電圧変動と電流変動を生じるので，結局，雑音電力を発生する。単位周波数 Δf 当りの熱雑音電力は $2k_BT_a\Delta f$ であることが知られている。ここで，$k_B=1.374\times10^{-23}$ J/K はボルツマン定数である。この雑音電力もショット雑音と同様，どの周波数においても同じ値となる平たんなスペクトルである。

周波数帯域をもつ受信回路における全熱雑音電力 N_{th} は次式となる。

$$N_{th}=4k_BT_aB \tag{8.23}$$

8.2.4 SN 比

SN 比を，まず電流増倍のない（$M=1$）フォトダイオードから求める。信号電力は式 (8.7)，ショット雑音電力は式 (8.18)，および熱雑音は式 (8.23) より求められるので

$$\text{SN 比} \equiv \frac{S}{N_S+N_{th}} = \frac{I_S^2 R}{2eI_SRB+4k_BT_aB} = \frac{I_S^2}{(2eI_S+4k_BT_a/R)B} \tag{8.24}$$

となる。式 (8.24) に，さらに式 (8.5) より $I_S=e\eta P_{in}/(h\nu)$ を代入すると

$$\text{SN 比} = \frac{[\{e\eta/(h\nu)\}P_{in}]^2}{[2e\{e\eta/(h\nu)\}P_{in}+4k_BT_a/R]B} \tag{8.25}$$

となる。ディジタル伝送の場合，受信回路の必要帯域は伝送ビット速度 B_S の約半分となることが知られている。したがって，式 (8.25) に $B=B_S/2$ を用いると伝送速度に対する SN 比を求めることができる。良好な通信を行うためには 20 dB 以上の SN 比が必要である。

例 8.2 フォトダイオードにおける SN 比の計算

波長 1550 nm で信号光パワー $P_{in}=1\times10^{-5}$ W (-20 dBm)，量子効率 $\eta=0.8$ (80 %) のとき，信号電流 I_S は

$$I_S=\frac{e\eta}{h\nu}P_{in}=\frac{1.6\times10^{-19}\times0.8\times1\times10^{-5}}{6.6\times10^{-34}\times3\times10^8/(1.55\times10^{-6})}=1.0\times10^{-5}\text{ A}$$

となる。伝送速度 $B_s = 1$ Gbps とし，負荷抵抗 $R = 50\,\Omega$ では

$$2eI_s = 2\times 1.6\times 10^{-19}\times 1.0\times 10^{-5} = 3.2\times 10^{-24}\ \text{A}$$

$$\frac{4k_BT_a}{R} = \frac{4\times 1.375\times 10^{-23}\times 300}{50} = 3.3\times 10^{-22}\ \text{A}^2/\text{Hz}$$

$$\text{SN 比} = \frac{(1.0\times 10^{-5})^2}{(3.2\times 10^{-24}+3.3\times 10^{-22})\times 0.5\times 10^9} = 6.0\times 10^2$$

$$= 27.8\ \text{dB}$$

となり，20 dB 以上を得る。

受光器に APD を用いた受信回路における SN 比では，増倍率 M をかけた I_sM を信号電流とするのに加えて，ショット雑音における過剰な雑音が加わる。APD における電流増倍に伴い雑音電力が増大するためである。この過剰雑音を加えた SN 比は

$$\text{SN 比} = \frac{I_s^2M^2}{(2eI_sM^{2+x}+4k_BT_a/R)B} \tag{8.26}$$

となる。ここで，x は**過剰雑音指数**（excess noise factor）といい，$0.2\sim 1$ の値である。

例 8.3　APD における SN 比の計算

波長 1550 nm で信号光パワー $P_\text{in} = 1\times 10^{-6}$ W (-30 dBm)，量子効率 $\eta = 0.8$ (80 %)，増倍率 $M = 20$ のとき，信号電流 I_sM は

$$I_sM = \frac{e\eta}{h\nu}P_\text{in}M = \frac{1.6\times 10^{-19}\times 0.8\times 1\times 10^{-6}\times 20}{6.6\times 10^{-34}\times\{3\times 10^8/(1.55\times 10^{-6})\}} = 2.0\times 10^{-5}\ \text{A}$$

となる。伝送速度 $B_s = 1$ Gbps，過剰雑音指数 $x = 0.5$，負荷抵抗 $R = 50\,\Omega$ では

$$2eI_sM^{2+x} = 2\times 1.6\times 10^{-19}\times 2.0\times 10^{-5}\times 20^{1.5} = 5.7\times 10^{-22}\ \text{A}$$

$$\frac{4k_BT_a}{R} = \frac{4\times 1.375\times 10^{-23}\times 300}{50} = 3.3\times 10^{-22}\ \text{A}^2/\text{Hz}$$

$$\text{SN 比} = \frac{(2.0\times 10^{-5})^2}{(5.7\times 10^{-22}+3.3\times 10^{-22})\times 0.5\times 10^9} = 8.9\times 10^2 = 29.5\ \text{dB}$$

となり，受光レベルが PD の例より 1/10 に低下しても増倍率 $M = 20$ のおかげでほぼ同じ SN 比を得ることができ，20 dB 以上となる。

章 末 問 題

【1】 波長 1 310 nm で量子効率 50 % のフォトダイオードが 10 μW の光パワーを受光したとき，流れる電流を求めよ．

【2】 受光面の直径 250 μm，i 層の幅 10 μm の pin フォトダイオードを用いて，負荷抵抗 500 Ω の受光器回路を組み立てた．この回路についてつぎの問いに答えよ．
　（1） pin フォトダイオードの等価コンデンサ容量を求めよ．
　（2） 回路の時定数を求めよ．
　（3） 電子が i 層を横断するのに必要な時間を求めよ．ただし，ドリフト速度を 1×10^5 m/s とする．

【3】 アバランシフォトダイオードにおいて電流増倍が生じる仕組みを説明せよ．

【4】 式（8.11）より，公式
$$\lim_{x\to\infty}\left(1+a\frac{1}{x}\right)=e^a$$
を用いて式（8.12）を求めよ．

【5】 ある波長の光が，単位時間当りの平均光子数で n 個受光器に入射し，光パワーは $h\nu n$ であるとする．このとき，時間 T の間に N 個の光が受光器に入射する確率を求めよ．

【6】 波長 1 310 nm で量子効率 50 % のフォトダイオードが 10 μW の光信号パワーを受光した．受光器回路の負荷抵抗を 500 Ω，周波数帯域を 500 MHz としたとき，つぎの問いに答えよ．
　（1） 信号電力を求めよ．　（2） ショット雑音電力を求めよ．
　（3） 熱雑音電力を求めよ．　（4） SN 比を求めよ．

【7】 波長 1 310 nm で量子効率 50 %，電流増倍率 20，および過剰雑音指数 0.5 の APD が 1 μW の光信号パワーを受光した．受光器回路の負荷抵抗を 500 Ω，周波数帯域を 500 MHz としたときつぎの問いに答えよ．
　（1） 信号電力を求めよ．　（2） ショット雑音電力を求めよ．
　（3） 熱雑音電力を求めよ．　（4） SN 比を求めよ．

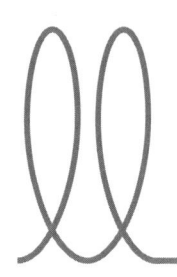

9. フォトニックネットワーク

　8章まで光ファイバ，光増幅器，半導体レーザ，および受光器について説明してきた。光ファイバ通信システムを構成する主要な光部品である。これらを組み合わせてシステムを構築する。組み合わせることを設計といい，その組合せ方，すなわち設計のしかたによりさまざまな要求を満足するシステムができる。もともとシステムとは，働きが異なる多くの装置を組み合わせて，全体として所要の機能を満足するようにした系のことをいうので，システムには設計が付き物である。また，個々のシステムには，想定している標準モデルと対応できる要求の範囲が存在する。

　本章では，フォトニックネットワークを概説する。光ファイバ通信システムの標準モデルとその設計のしかたを解説することは，さらにもう1冊の書物が必要となる。ここでは，光ファイバ通信システムの内容と将来における光通信技術の動向を解説するかわりに，フォトニックネットワークのアウトラインを説明する。また，後半では必要となる光デバイスの機能を説明し，その多様性を認識することにする。

9.1　フォトニックネットワークの進展

9.1.1　2点間伝送から波長多重リングネットワークへ

　「通信」とは，遠くにいる人と情報のやり取りすることであり，「光ファイバ通信」とは遠くに情報を送る手段として光ファイバを利用することであることを1.1節で説明した。実用導入が1981年に開始されてから15年ほどの間，光ファイバ通信システムとは，ある点からある点への情報伝送するものであった。すなわち，2点間（point to point）伝送である。2点間伝送の場合，伝送

システムを決定する項目は，①伝送距離と②伝送容量である。より遠くに，より高速にすることが研究開発の主要なテーマであり，多くの研究者が努力した結果，伝送容量については10年間で約10倍の増大を実現した。

　伝送距離を拡大するために，いっそうの光ファイバ低損失化，半導体レーザの高出力化，受光素子の低雑音化など光部品での改良，さらにはコヒーレント通信方式の検討など新しい伝送方式の研究が行われたが，最も大きな成果は1989年の光ファイバ増幅器の開発である。代表的なエルビウム添加光ファイバ増幅器では，1 530～1 565 nmの広い波長範囲において20 dB以上の増幅利得を有する。この利得により伝送距離制限を克服することができた。さらに，従来は光損失の増加をもたらすためシステム内に組み込むことが制限された光合分波器などの光部品を自由に利用する環境を整える結果となった。ちょうどこのころ，**石英平面光回路**（PLC : planar lightwave circuit）を用いた光合分波器が実用技術として成長していたからである。

　このような状況のなかで，1990年代には，WDM伝送技術による伝送容量の拡大が進展する。国土の広い北米では，既設の光ファイバケーブルを有効に利用できるため長距離通信事業会社を中心に関心が高まっていた。1995年におけるインターネットの民間運営がきっかけとなり長距離伝送系のトラヒックが急増したため，1996年ごろよりWDMの導入が北米で開始された。当初のWDM伝送は，ケーブルを新設しなくても伝送容量を倍増できる経済的なシステムとして導入されたので，システムコンセプトとしては従来どおり2点間伝送方式である。すなわち，超大容量2点間伝送システムとして，である。

　フォトニックネットワーク（photonic networks）は，光ファイバ通信システムの新しいコンセプト（概念）を提供する。ネットワーク全体でみると，2点間伝送における容量が増大することはネットワークノードにおける交換容量が増えることである。電話ネットワークではスイッチングを交換と呼ぶが，インターネットではルーチングという。光ファイバによる伝送容量が増大すると，今度はネットワークノードにおける交換容量が問題となる。高速交換用LSIを用いた交換機におけるスイッチング，高速ルータでのパケット転送は電

気信号で行っているため，光信号から電気信号に変換してスイッチングすることが，ネットワーク全体からみると情報処理能力を制限させる結果となった。

フォトニックネットワークとは，このスイッチング，ルーチングを電気に変換することなく光のまま行い情報を転送するネットワークのことをいう。すなわち，このネットワークに情報を送信すると，送信元から目的地まですべて光信号のまま転送されるということなので，**全光ネットワーク**（all-optical networks）とも呼ぶ。点から点への線状の伝送から，多数の点どうしの面的な伝送に進化したということができる。その原型を図 9.1 に示す。

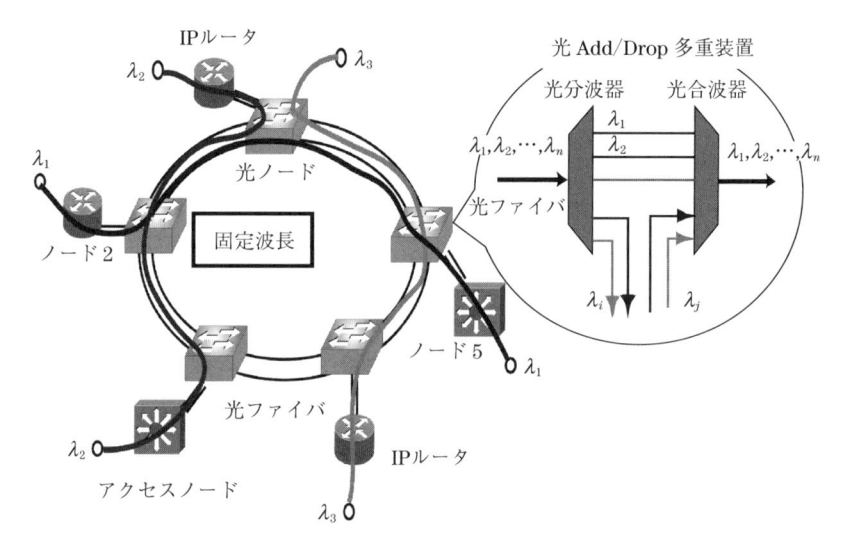

図 9.1 波長多重リングネットワーク

光ノードを数本の光ファイバでリング状に接続した波長多重リングネットワークである。光ノードには 1 対 1 の割合でアクセスノードかルータが接続されており電気信号の入出力はそこから行われる。アクセスノードからのアクセスノード間の情報転送はすべて光信号で行われるが，通常は多くの波長を狭い波長間隔で密に（dense）多重化した高密度波長多重（**DWDM**: dense WDM）伝送方式を用いる。また，光ノードでは，光ファイバ中を伝搬する多くの波長のなかで必要な光波長だけを取り出し，挿入する**光 Add/Drop 多重装置**

(optical add/drop multiplexers)が用意される。

光 Add/Drop 多重装置の原理の一例を図の右上に示す。光ファイバに波長 $\lambda_1 \sim \lambda_n$ の光が伝搬しているとき，光分波器により各波長に分解した後，ノードにとって必要な波長 λ_i のみを取り出し近接のアクセスノードに送り込む。また，アクセスノードからは送信波長 λ_j が送られてくるので，それを光合波器で合波して光ファイバ内に挿入する。

以上のような構成であるため，図 9.1 の波長多重リングネットワークでは，送信元のアクセスノードから目的地となるアクセスノードまでを一つの波長に割り当てることにより**光パス**（optical paths）を設定することができる。図の例では，λ_1，λ_2，および λ_3 を各アクセスノード間の光パスに割り当てている。逆に，アクセスノードでは，光波長により目的地が判別する。ノード 2 からノード 5 に送信するには，波長 λ_1 の光信号にすればよいという例となる。

波長多重リングネットワークでは

（1） ノードにおける行路切替えが信号変換なく光信号のまま行われるので，ノードでの交換速度に制限がない，

（2） アクセスノードからの送信光信号は信号形式の制限がなく，**同期ディジタルハイアラーキ**（SDH：synchronous digital hierarchy）における各レベルから，**イーサネット**（Ethernet）系列における各速度，アナログ信号までのすべてに対応できる。これを**トランスペアレント**（transparent：透過的な）**ネットワーク**という，

などの利点がある。しかしながら，図のような光 Add/Drop 多重化装置では波長が固定される，すなわち光パスが固定されるという欠点がある。

9.1.2　光交換メッシュネットワーク

波長多重リングネットワークを発展させたものとして，通信トラヒックの変化に応じて光パスのルートと波長を自由に変化できるようにするネットワークが考えられている。このようなネットワークを仮に**光交換メッシュネットワーク**と呼び，図 9.2 に示す。光ノードは地域におけるトラヒック集約状況に応じ

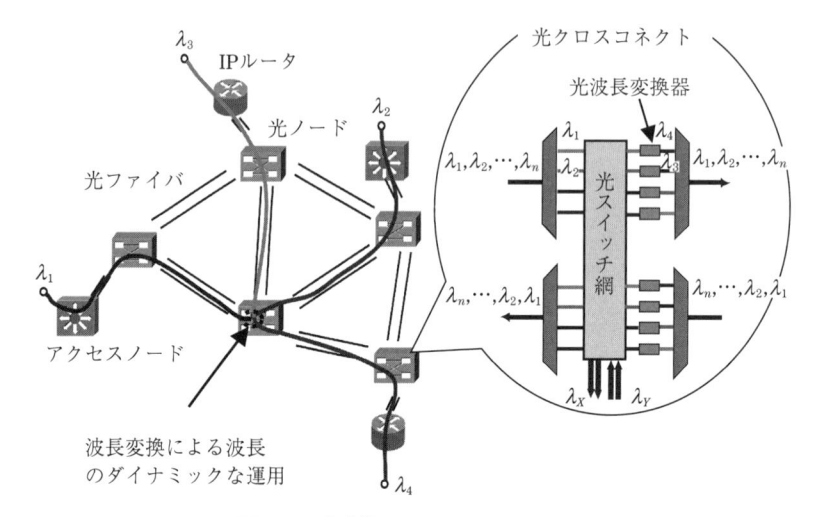

図 9.2 光交換メッシュネットワーク

て分散設置され，複数の光ファイバによりメッシュ状に結ばれる．また，光ノードには，従来での光合分波器に加えて光行路を切り替える光スイッチと，光信号を継続したまま波長のみを変換する光波長変換器が具備される．波長変換は，1本の光ファイバにおいて波長が輻輳(ふくそう)して波長割当てができない場合に行う．

このネットワークでは，送信側のアクセスノードにおいて目的地と波長とを1対1に対応付けておけば，トラヒック状況に応じてネットワークが柔軟にルートと，さらに必要な場合には波長を変換して光信号を伝達する．一般に，ネットワークのトラヒックは

（1） 地域におけるユーザ数の変動が原因となる年単位での変動,

（2） 1日における勤務形態，生活習慣が原因となる時間単位の変動,

（3） 一部の端末によるインターネットパケットの爆発的な送受信が原因となるマイクロ秒（μs）単位の変動,

などがあるが，少なくとも（1）と（2）の変動にはこのネットワークは対応することとなるであろう．

9.2 必要となる光デバイス

トラヒック変動に対応してルートや波長が自由に変化するフォトニックネットワークを実現するためには，さまざまな光デバイスが必要となる．実用技術として市場で入手できるものもあるが，多くはさらなる研究開発が必要なものである．図 9.3 に，フォトニックネットワーク実現に必要となる光デバイスを示す．図の右側には研究課題を示す．例えば，波長多重用光増幅器の場合には，広い波長域において各波長均一な利得で増幅することと，さらなる小形化が必要である．波長数 n は，64〜128 個が当面の目標であるが，1 000 波長程度までの実現に向けて研究が進められている．すべての光デバイスにおいて，これらの波長で同等な特性が得られることが必要である．

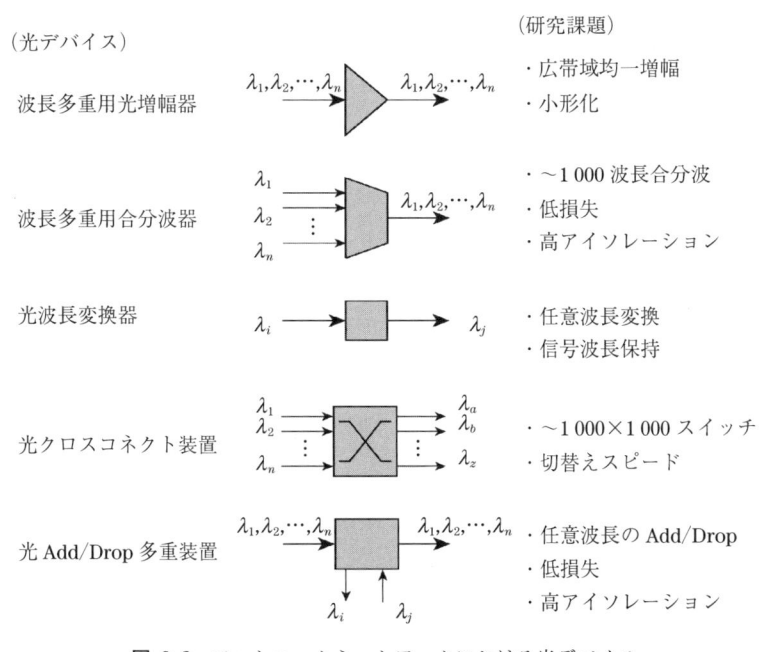

（光デバイス）		（研究課題）
波長多重用光増幅器	$\lambda_1, \lambda_2, \cdots, \lambda_n \rightarrow \triangleright \rightarrow \lambda_1, \lambda_2, \cdots, \lambda_n$	・広帯域均一増幅 ・小形化
波長多重用合分波器	$\lambda_1, \lambda_2, \cdots, \lambda_n \rightarrow \square \rightarrow \lambda_1, \lambda_2, \cdots, \lambda_n$	・〜1 000 波長合分波 ・低損失 ・高アイソレーション
光波長変換器	$\lambda_i \rightarrow \square \rightarrow \lambda_j$	・任意波長変換 ・信号波長保持
光クロスコネクト装置	$\lambda_1, \lambda_2, \cdots, \lambda_n \rightarrow \boxtimes \rightarrow \lambda_a, \lambda_b, \cdots, \lambda_z$	・〜1 000×1 000 スイッチ ・切替えスピード
光 Add/Drop 多重装置	$\lambda_1, \lambda_2, \cdots, \lambda_n \rightarrow \square \rightarrow \lambda_1, \lambda_2, \cdots, \lambda_n$ ($\lambda_i \uparrow \downarrow \lambda_j$)	・任意波長の Add/Drop ・低損失 ・高アイソレーション

図 9.3 フォトニックネットワークにおける光デバイス

9.2.1 波長多重用光増幅器

電気通信技術に関する国際標準化機関である ITU-T (International Telecommunication Union-Telecommunication standardization sector: 国際電気通信連合 ― 電気通信標準化部門) では，光ファイバ波長多重伝送方式に利用する使用波長帯域を**表 9.1** のように分類している。1300 nm 帯の O バンドから，光ファイバケーブルの監視に利用することがおもな目的である U バンドまでの 6 波長帯である。表には各バンドにおいて利用可能な光ファイバ増幅器を示した。このうち実用に供されているものは C バンドのエルビウム添加光ファイバ増幅器 (EDFA) と L バンドのゲインシフト EDFA である。

表 9.1 波長帯域の名称と波長（周波数）域

名　　称	波長帯域〔nm〕 (周波数〔THz〕)	利用可能な代表的光ファイバ増幅器
O バンド (original)	1 260～1 360 (237.9～220.4)	プラセオジム (Pr^{3+}) 添加光ファイバ増幅器 (PDFA)
E バンド (extended)	1 360～1 460 (220.4～205.3)	
S バンド (short wavelength)	1 460～1 530 (205.3～196.0)	ツリウム (Tm^{3+}) 添加フッ化物ガラス光ファイバ増幅器 (TDFA)
C バンド (conventional)	1 530～1 565 (196.0～191.6)	エルビウム (Er^{3+}) 添加光ファイバ増幅器 (EDFA)
L バンド (long wavelength)	1 565～1 625 (191.6～184.5)	ゲインシフト-エルビウム (Er^{3+}) 添加光ファイバ増幅器 (GS-EDFA)
U バンド (ultralong wavelength)	1 625～1 675 (184.5～179.0)	光ファイバラマン増幅器 (FRA) (注) S～U バンドの全波長

波長帯域分類を光ファイバの典型的な損失特性とともに，**図 9.4** に示す。実用的な光増幅器が利用できる C バンドと L バンドで約 10 THz の周波数帯域があり，100 GHz (約 0.8 nm) 間隔で波長を並べると 100 波長が利用できる。S バンドから U バンドまでは約 25 THz の帯域となり，50 GHz (約 0.4 nm) 間隔で 500 波長が利用できる。この波長域において均一な利得をもつことが光増幅器に課せられた仕様である。

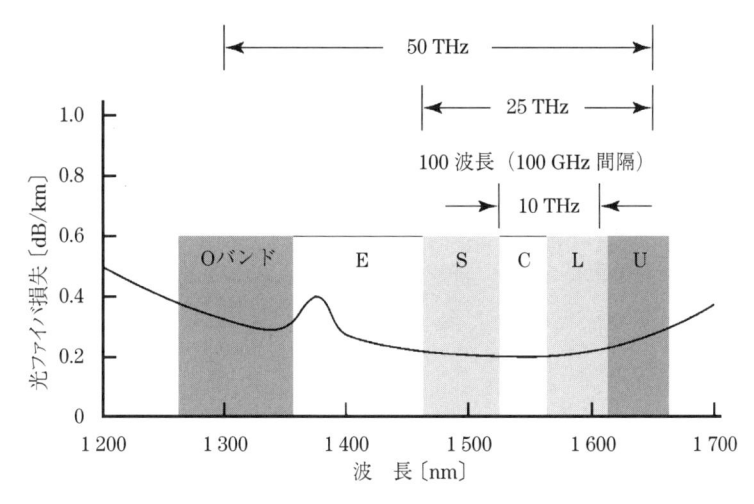

図 9.4 光ファイバの損失特性と波長帯域分類

例 9.1 収容可能な音声チャネル数の計算

1 波長当り 10 Gbps の伝送をする波長を 100 多重するとき，64 kbps の音声信号を 1 本の光ファイバで伝送できるチャネル数は

$$\frac{100 \times 10 \times 10^9}{64 \times 10^3} \cong 15 \times 10^6 \quad :1\,500\,\text{万回線}$$

である。

理想的には周波数 1 Hz 当り 1 bit の伝送能力があるとする。S バンドから U バンドまでの周波数帯域 25 THz で伝送可能な最大音声チャネル数は

$$\frac{25 \times 10^{12}}{64 \times 10^3} \cong 0.39 \times 10^9 \quad :3\,\text{億}\,9\,000\,\text{万回線}$$

となり，日本の総人口数の 3 倍の数となる。

9.2.2 光合分波器

波長多重伝送方式に用いる光合分波器については，1.1 節ですでに登場している。波長の異なる多くの光を異なる入力端子から入射させて，一つの出力端子から出射させるものが**光合波器**（optical multiplexers）であり，逆に波長の異なる多くの光を一つの入力端子から入射させて，各波長の光を異なる出力端子から出力させるものが**光分波器**（optical demultiplexers）である。受動

素子であるかぎり二つは同じものであり，入力方向の違いが機能の違いとなる。

光合分波器には多くの種類があるが，多くの波長を均一にかつ安定に合分波できる**アレー導波路格子**（**AWG**: arrayed waveguide grating）形の石英平面光回路が優れている。図 9.5 に，AWG 形光合分波器の回路図を示す。これは，シリコン基板上にクラッド層とコア層の石英ガラス膜をたい積し，回路パターンに沿ってエッチングした後，再度クラッド層をたい積することにより作製される。

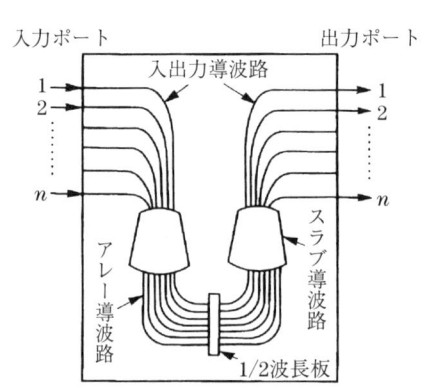

図 9.5 AWG 形光合分波器

AWG 形光合分波器の原理は，図 9.6 に示すプリズム分波器と同じであり，プリズム分波器と比較しながら原理を説明する。入力ポートから入射された光は入力導波路によりスラブ導波路に導かれる。スラブ導波路に接続された光は回折効果により導波路内で広がり，先のアレー導波路へと光パワーが分散して

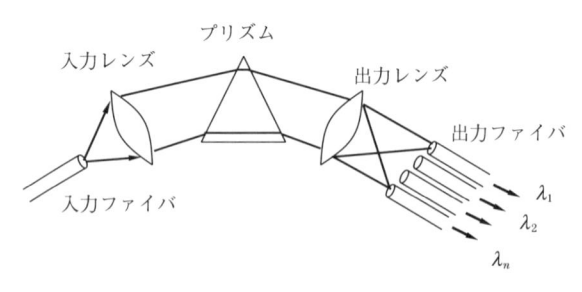

図 9.6 プリズム分波器

9.2 必要となる光デバイス

入射される。この最初のスラブ導波路はプリズム分波器における入力レンズの役割をする。アレー導波路では各導波路の長さが異なるため，分散導波される同じ入力光に対して行路長の差による位相差が付加される。プリズムにおいて行路長差と屈折率分散により付加される位相差とこれは同じ効果となる。二つ目のスラブ導波路において，位相差に応じた場所で光は結像して各出力導波路に導かれるが，プリズム分波器での出力レンズによる結像と同じように波長ごとに結像する場所が異なるため分波される結果となる。アレー導波路中央の1/2波長板は，基板に対して垂直と水平方向にある偏光モードを入れ替えて屈折率異方性を相殺し無偏波分波特性とするために挿入される。

このAWGが波長多重用光合分波器として優れている点に，波長周回性がある。その様子を，図9.7に示す。各入力ポートの波長は，波長ごとに周回して異なる出力ポートに出力されるため，異なる入力ポートから入射される同じ波長の光が出力ポートで混在することはない。また，入出力ポートと波長がマトリックス状に決められるので波長割当てが自由にできる。この利点が，波長により行路を決める波長ルータに応用される。

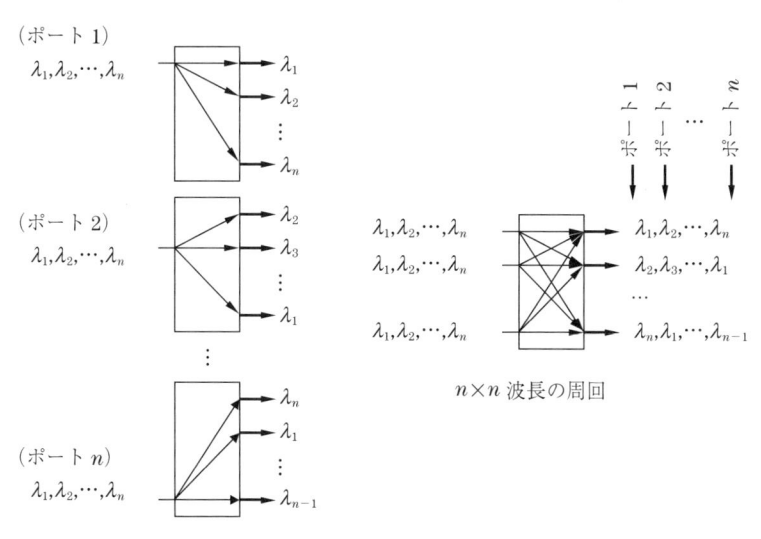

図 9.7 AWGにおける波長周回性

9.2.3 光波長変換器

フォトニックネットワークで必要な光波長変換器とは，図9.8に示すように，光信号情報を保持したまま波長のみを変換する装置である。したがって，入力光信号が40 Gbpsの速度である場合には，その速度で変換を行うことが条件である。変換できる波長範囲，波長安定性，変換効率などの点が現状十分ではなく研究開発段階であるが，検討されている変換器の原理を説明する。

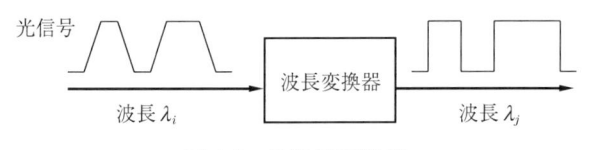

図 9.8 光波長変換器

図9.9に波長変換の原理を示す。図（a）は光信号をいったん電気に変換する光‐電気変換方式である。信号再生して光信号を出力するとき，可変波長光源により任意の波長で出射することで波長を変換する。可変波長光源にはバイアス電流により波長を変化できる**分布ブラッグ反射形**（**DBR**: distributed Bragg reflection）半導体レーザなどが研究されているが，可変にできる波長範囲が狭いことが問題である。図（b）は光信号を直接目的の波長に変換する光‐光変換方式の例を示す。四光波混合などの光ファイバ非線形効果を用いて波長変換する方法や，半導体増幅器での利得飽和を用いてスイッチングする方法である。いずれも十分な変換効率を得るための研究が必要である。この点で

（a）光‐電気変換方式　　　　（b）光‐光変換方式

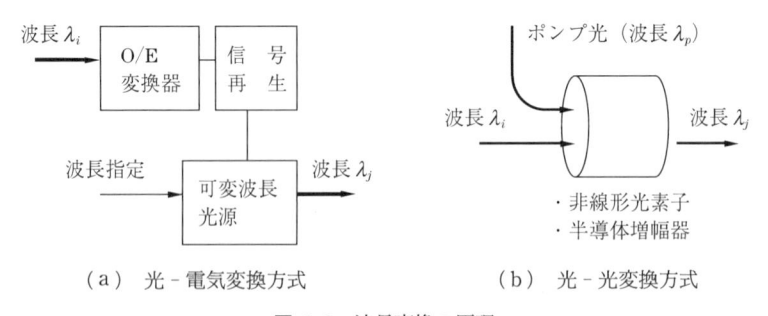

図 9.9 波長変換の原理

は大きな非線形光学効果が得られるフォトニック結晶光ファイバが期待されている。

9.2.4 光クロスコネクト装置と光スイッチ

フォトニックネットワークにおいて，各光波長はアクセスノード間の光パスに割り当てられる。トラヒック変動に伴いルート切替えを行うということは波長ごとの光パスを切り替えることとなるので，光ノードでは波長数分の光切替え（**光クロスコネクト；OXC**：optical cross-connects）装置が必要になる。例えば，1000波長がネットワークで利用されていると，各光ノードでは1000×1000のクロスコネクトが必要になる。

このような大規模の光クロスコネクト装置の実現に向けてさまざまな研究開発が行われている。基本技術は2×2光スイッチであるが，2×2光スイッチの検討ばかりではなく，大規模化に向けての光スイッチ構成法，光信号を一時的に保管する光バッファ方式または光デバイス，切替え制御と監視方式など多くの課題があり，研究者には魅力的なテーマとなっている。そのすべてを紹介することは困難なので，本書では，基本となる光スイッチ方式を二，三説明する。

表9.2に代表的な光スイッチ方式を示す。光ファイバや光導波路の伝搬光を

表 9.2 代表的な光スイッチ方式

分類		基本スイッチ	応答時間	原理
光ファイバ機械駆動形		2×2 1×N	2〜3 ms	印加磁力による磁石付き光ファイバの機械的移動
光導波路形	電気光学効果	2×2	<1 ns	印加電界による光導波路屈折率変化（例：$LiNbO_3$ 方向性結合器など）
	熱光学効果	2×2	2〜3 ms	加熱による PLC 光導波路の位相変化
	気泡シフト	2×2	〜10 ms	気泡シフトによる PLC 端面反射率変化
半導体増幅器形		1×2	<1 ns	光増幅器における吸収と利得の差
空間自由形	2次元 MEMS	N×N	〜0.5 ms	マイクロミラーの2次元開閉
	3次元 MEMS	N×N	<10 ms	マイクロミラーの3次元開閉

切り替える場合は，2×2の光スイッチが基本単位となる。$N \times N$の大規模切替えには光ビームを空間に放って鏡により切り替える方式がある。また，光ファイバ機械駆動，気泡シフト，または**マイクロマシン**（MEMS: micro-electro mechanical systems）など機械駆動を用いると，切替え時間はどうしてもミリ秒（ms）のオーダとなる。この点，電気光学効果や半導体増幅器を用いた方式ではナノ秒（ns）以下の高速切替えが可能である。

光ファイバ機械駆動形光スイッチは，磁石台に乗せた光ファイバを印加磁力により移動することにより切り替えるもので，2×2光スイッチの構成例を図9.10に示す。構造が簡単で光損失が小さい（< 0.5 dB）ので，多心用光測定器をはじめとして光LANでの故障切替えなどに利用されている。ただ，小形化が困難であり機械駆動という点から大規模化には課題が多い。

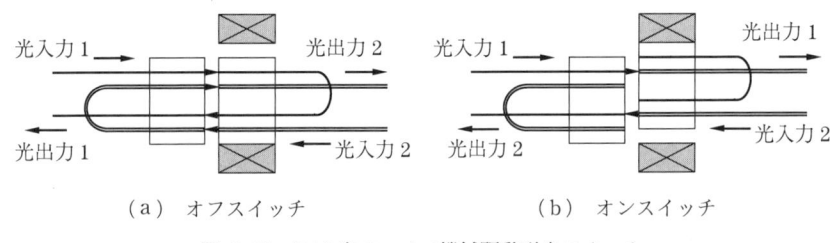

（a）オフスイッチ　　　　　　（b）オンスイッチ

図 9.10　2×2光ファイバ機械駆動形光スイッチ

半導体光増幅器を利用した2×2半導体増幅器形光スイッチの構成を図9.11に示す。原理は，図（a）に示すように，電流オフの場合には光吸収により光

（a）半導体増幅器　　　　（b）2×2光スイッチの構成

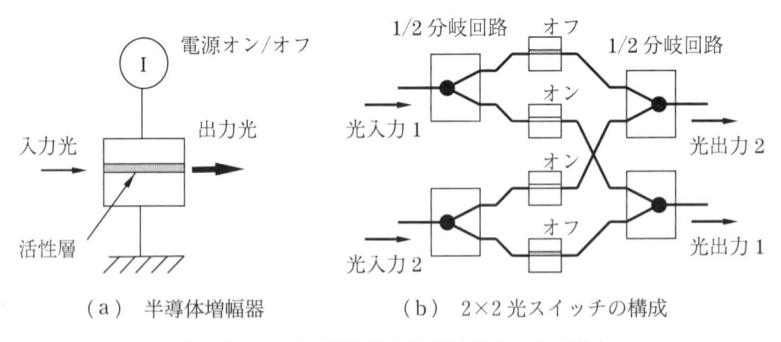

図 9.11　2×2半導体増幅器形光スイッチの構成

出力がないが，電流オンのとき増幅された光出力が得られることを利用している。図（b）のように，1/2分岐回路により分割した光をオンまたはオフの増幅器に通し，再度1/2分岐回路で合波する。2個の1/2分岐回路を通すことによる光損失は光増幅によりカバーされる。この方式は，集積化が可能であること，スイッチ応答を高速化できることなどの利点がある。

最後に，自由空間型である2次元MEMS光スイッチの構成例を，**図9.12**に示す。並べられた光ファイバからの出射光を，MEMS素子により立てた鏡により反射させて切り替える。MEMS素子は鏡を"立てる"ことと"倒す"という2値の駆動をする。この方式は大規模化が容易である。光損失が大きいことが欠点であるが，光増幅器により損失制限から開放された技術トレンドのなかでは，一つの方向を示している。

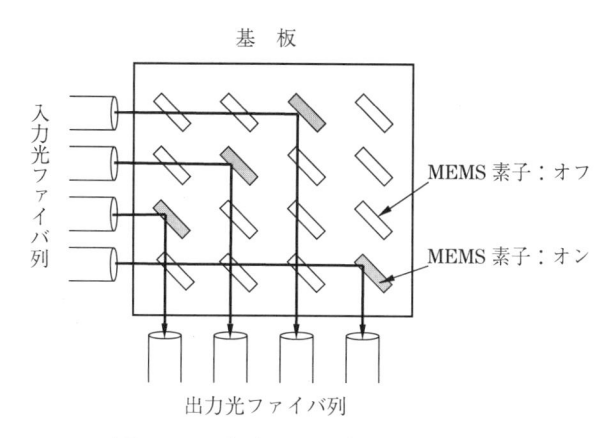

図 9.12　2次元MEMS光スイッチの構成

9.2.5　光 Add/Drop 多重装置

光Add/Drop多重装置とは，多くの波長のなかから特定の波長のみを抜き出し（drop），挿入する（add）機能をもつ光回路であり，波長を固定した波長多重リングネットワークでの光ノードにおける主要装置である。ここでは，光ファイバグレーティングの応用例として紹介する。

光ファイバグレーティングは，光ファイバコアに周期的な屈折率変動を形成

して伝搬光のなかで特定の波長のみを反射させる機能をもつもので，すでに7.2節で半導体レーザの外部共振器ミラーに利用する応用例を紹介している。その製造法を図9.13に示す。

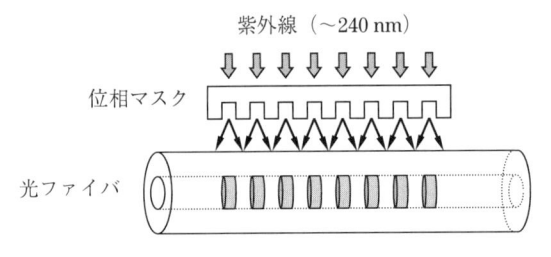

紫外線（～240 nm）
位相マスク
光ファイバ

図 9.13 光ファイバグレーティングの製造法

　紫外光が位相マスクを通過すると，光ファイバコア上に紫外光の干渉パターンが結像される。コアに紫外線光が照射されると，GeO_2などの添加剤において分子結合の欠陥が生じる。結合欠陥は紫外吸収を生み，紫外吸収は長波長側である赤外領域に屈折率上昇をもたらす。したがって，コアには干渉パターンによる周期的な屈折率変動が形成される。また，結合欠陥を固定するために，光ファイバは照射前に高気圧の水素ガスで充てんされる。

　本来，光ファイバグレーティングの機能はモード間の結合を果たすことにあり，その機能に沿って分類した種類を図9.14に示す。いままでは短周期形を説明してきたが，放射モードと結合させて波長選択損失を形成するものや，同じ方向に進む高次モードに変換させるものなどの長周期形光ファイバグレーティングがある。

　光ファイバグレーティングを用いた光Add/Drop回路の構成例を，図9.15に示す。波長$\lambda_1 \sim \lambda_n$の光は光サーキュレータを通過して反射形ファイバグレーティングに進行する。光サーキュレータではポート番号に順繰りに光が入出力される。ポート1から入力された光はポート2に出力し，ポート2から入力された光はポート3から出力するという順である。ファイバグレーティングではλ_iの光のみが反射して光サーキュレータにより出力される。ファイバグレーティングの反対側では逆の動作でλ_iの光が片側の光サーキュレータを通し

9.2 必要となる光デバイス

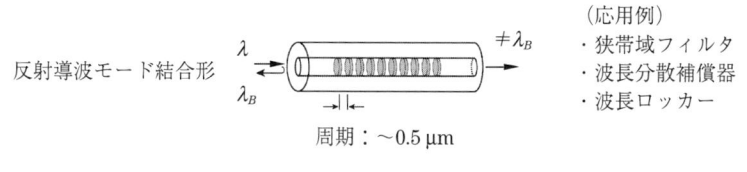

反射導波モード結合形 　λ →← ≠λ_B

（応用例）
・狭帯域フィルタ
・波長分散補償器
・波長ロッカー

周期：～0.5 μm

（a）短周期形ファイバグレーティング

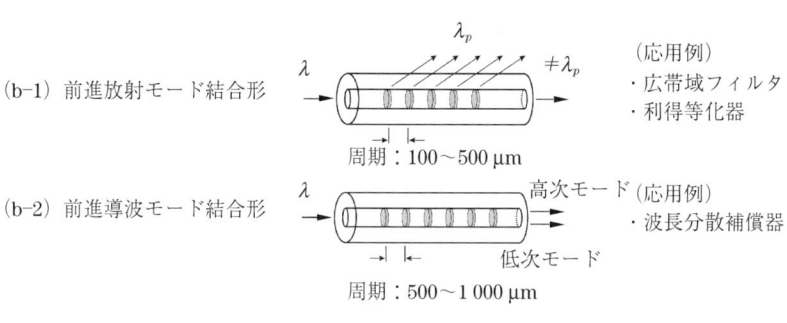

(b-1) 前進放射モード結合形　λ → λ_p ≠λ_p

（応用例）
・広帯域フィルタ
・利得等化器

周期：100～500 μm

(b-2) 前進導波モード結合形　λ → 高次モード 低次モード

（応用例）
・波長分散補償器

周期：500～1 000 μm

（b）長周期形ファイバグレーティング

図 9.14 光ファイバグレーティングの種類

光サーキュレータ　　反射形 FG　　光サーキュレータ

$\lambda_1, \lambda_2, \cdots, \lambda_n$ → → $\lambda_1, \lambda_2, \cdots, \lambda_n$

Drop ↓ λ_i　　　　　　　　　Add ↑ λ_i

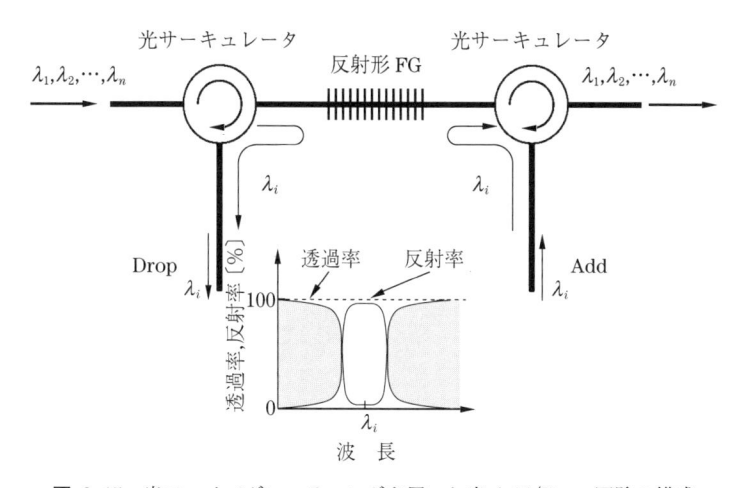

透過率　反射率

透過率, 反射率 [%]

波　長　λ_i

図 9.15 光ファイバグレーティングを用いた光 Add/Drop 回路の構成

て挿入される。したがって，この光回路全体としては，λ_1 から λ_n までの入力光のうち λ_i の光を取り出し，出力光に λ_i の光を追加する機能を果たす。

章 末 問 題

【1】 フォトニックネットワークの定義を述べよ。

【2】 n 個のアクセスノードと光ノードのペアをもつ波長多重リングネットワークにおいて，各光ノード間は1方向のみに光が進行する1本の光ファイバで結ばれているとする。すべてのアクセスノード間においてメッシュ状に光パスを設定するためには，光波長は最小限いくつ必要となるか，求めよ。

【3】 ネットワークのトラヒック変動における時間スケールを，その要因別に3種類あげよ。

【4】 1波長当り 10 Gbps の伝送をする波長を 500 多重するとき，1本の光ファイバが伝送できる 64 kbps の音声信号チャネル数を求めよ。

【5】 周波数 1 Hz 当り 1 bit の伝送能力があるとする。周波数帯域 50 THz のなかで 100 Mbps の HDTV 信号を伝送できるチャネル数を求めよ。

【6】 2×2 光スイッチ（**問図 9.1**）をいくつか用いて 8×8 の光スイッチを構成し，構成図と必要となる 2×2 光スイッチの数を求めよ。

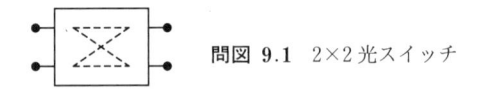

問図 9.1　2×2 光スイッチ

【7】 光ファイバグレーティングと光サーキュレータを用いて，光 Add/Drop 多重回路を構成し，動作原理を説明せよ。

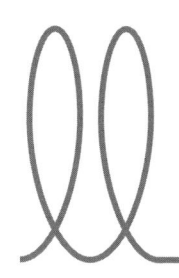

10. インターネットを支える光ファイバ通信

インターネットは20世紀末から急速に世界中で普及した。21世紀に入ると,「情報家電」,「ユビキタス社会」, IoT "Internet of Things" とさまざまな言葉で,人間とインターネット,およびコンピュータとの関係が語られるようになった。これらの言葉は,これらを提唱する人々の意図と志に多少の違いがあるものの,インターネットにつながれたコンピュータ群がさりげない形でさまざまな生活サービスを提供したり,産業の生産効率を向上することを目指している。「IT革命」が生産と流通の構造を変革するのと同じように,これは生活環境を大きく変えるはずである。100年後に現在を振り返れば,産業革命に匹敵する社会革命の時代であるといわれることに間違いはないであろう。

本章では,表題のとおり,光ファイバ通信システムがインターネットをどのように支えているか,ということを説明する。

10.1 インターネットの発展

1969年,アメリカ国防省のARPA (Advanced Research Project Agency: 高等研究計画局) により,実験的なパケット通信ネットワーク (ARPAnet) が構築され,当初は軍用に運用が開始された。これがインターネットの誕生であり,表10.1にインターネットの発展とおもな出来事を示す。その後,異機種コンピュータ間の相互接続方式と信頼性の高いネットワーク技術を研究するために,アメリカ国内の大学や研究所で利用された。1978年にはインターネットの標準プロトコル (protocol:接続規約) である **TCP/IP** (transmission control protocol/internet protocol:転送制御プロトコル/インターネットプロトコル) の原型が開発された。各大学のネットワークは相互接続され規模を

204   10. インターネットを支える光ファイバ通信

表 10.1 インターネットの発展とおもな出来事

年	事　項
1969	ARPA net（Advanced Research Project Agency network）がアメリカ軍用ネットワークとして運用を開始する
1978	アメリカの研究者により TCP/IP（transmission control protocol/internet protocol）の原型が完成する
1989	ヨーロッパ粒子物理学研究所の研究者が Hyper Text 形式のサーバ（WWW：world-wide web）を開発する
	このころ，アメリカで商用サービスが開始される
1993	イリノイ大学学生により Web 閲覧ソフト Mosaic が発表される
	このころ，日本で商用サービスが開始される
1995	アメリカでインターネットの設備が民間に売却される
	Netscape，Windows 95 の販売が開始される
	IPv 6（IP 第 6 版）が完成する
1999	日本では携帯電話の i モードサービスが開始される
2004	英国 BT，NTT が次期ネットワークの IP 化構想を発表する
2012	IPv4 アドレスブロックに対する最後の払い出しとなる

しだいに拡大し，"The Internet"と固有名詞で呼ばれるようになった。"internet"とは，もともとネットワークを相互に接続するという意味である。Web サーバと閲覧ソフトの Mosaic が開発されより利用しやすい形が普及するなか，アメリカでは 1989 年ごろから商用サービスが開始された。

1995 年にネットワーク設備が民間に売却されるのと同時に，Netscape，Windows 95 が販売され，このときより世界中で爆発的な接続端末の増加とトラヒック増加をみせるようになる。日本では，i モードサービスなど Web 閲覧ができる携帯端末を含めると，現在人口に相当する数の接続端末がある。

10.2　光アクセス回線

ユーザ端末からインターネットに接続するまでの回線を**アクセス回線**と呼ぶが，2016 年現在，日本では**図 10.1** のようにさまざまなアクセス方式が提供されている。データ転送速度最大 45 Mbps の **ADSL**（asymmetric digital subscriber lines：非対称ディジタル加入者線伝送），1 Gbps の光ファイバ回線（**FTTH**：fiber to the home），100 Mbps 以上となる携帯電話や無線 LAN な

10.2 光アクセス回線

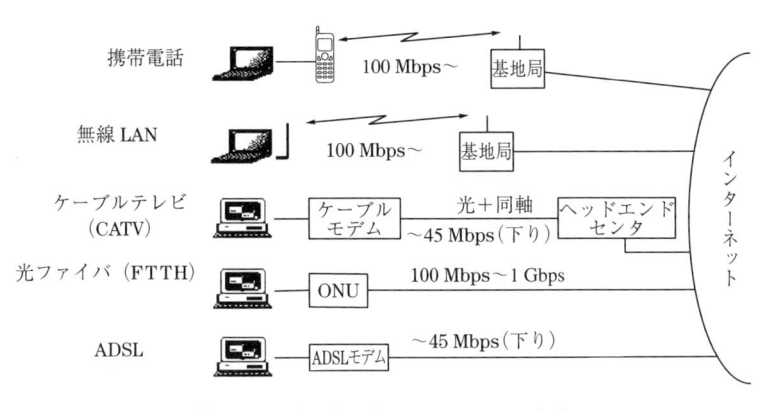

図 10.1 インターネットのアクセス方式

どである．すなわち，伝送媒体としては銅線，同軸，光ファイバ，および無線とすべてそろえられた．このうち転送能力が最も大きいものが光ファイバ回線である．2014年3月末で2661万の光アクセス回線がインターネットに接続されている．

光アクセス回線には現在二つの方式が提供されている．図 10.2 に，光アクセス方式を示す．

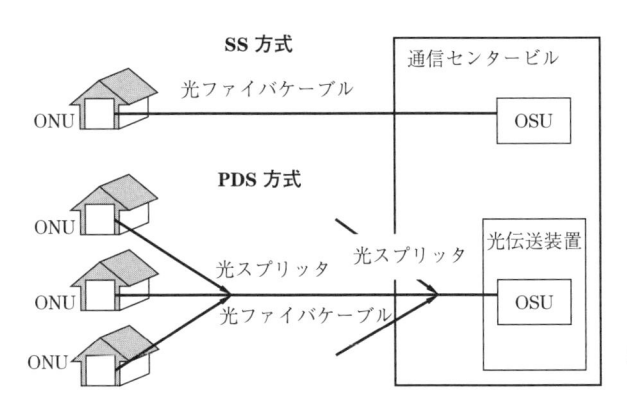

図 10.2 光アクセス方式

SS（single star）方式は，ユーザ宅にある ONU（optical network units：光加入者線終端装置）から通信センタービルにある OSU（optical subscriber units：光加入者端局装置）まで1本または2本の光ファイバで直

接接続する方式である。ONUとOSUは光-電気変換装置（E/O・O/E装置）であるので，**メディアコンバータ**（media converters）とも呼ばれる。また，1本の光ファイバでONUからOSUまでの上り伝送に波長 1.3 μm，下り伝送に波長 1.49 μm の光を用いて波長多重する方式と，2本の光ファイバで上り下りを別々に伝送する方式がある。

PDS（passive double star）**方式**は，1本の光ファイバ伝送路の途中に光スプリッタを挿入して複数のONUを収容する方式で，**PON**（passive optical network）**方式**とも呼ばれる。上り（波長 1.3 μm）下り（波長 1.49 μm）の光信号を波長多重して伝送する。光スプリッタは光パワーを分割する光回路であり，通信センタービル内，架空ケーブル分配用クロージャ内，またはユーザビル内に設置される。

PDS方式では図 10.3 のような原理で双方向通信を行う。下りでは光スプリッタにより光パワーを分割して各ONUに同報する。ONUは自分に割り当てられたタイムスロットの信号のみを分離して取り込む。上り信号では，各ONUからの送信信号が光スプリッタで重複しないようONUは送信するタイミングを自動的に調節する。PDS方式は，OSUと光ファイバの一部を共有するためSS方式より経済的であるが，一つのONUに割り当てられる伝送容量も分割される。例えば，100 Mbps の伝送速度を集合住宅で5人が利用する場

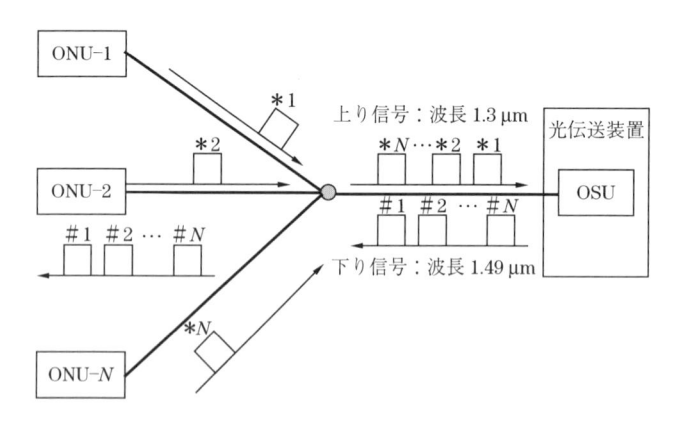

図 10.3　PDS方式における双方向通信の原理

合，全員が一斉にインターネットに接続すれば 20 Mbps の伝送速度しか出ない。もちろん，空いている時間帯で 1 人が占有すれば 100 Mbps の伝送速度は得られる。この点，SS 方式はつねに 100 Mbps の速度を得ることができる。

10.3 ルータ間光ファイバ接続

1980 年代末ごろまでの光ファイバ通信システムとは，時分割多重方式を用いた 2 点間伝送であった．伝送容量を増やすことは多重度を上げることであり，音声信号の 64 kbps を基本単位としてその整数倍 N に制御情報を付加した bit 速度を伝送速度としていた．N にはいくつかの段階があり，その体系を**ディジタルハイアラーキ**(digital hierarchies)と呼ぶ．従来，日本，北米，およびヨーロッパの間でわずかに多重度が異なっていたため国際通信での相互接続に不便であったが，1988 年，**同期ディジタルハイアラーキ**(**SDH**：synchronous digital hierarchy)の世界統一標準が ITU-T で勧告された．同期とはディジタル信号のクロック周波数を各ネットワーク間で合わせることである．

SDH では，基本速度 155.52 Mbps の STM-1 (synchronous transport module level one) を基本単位としその整数倍の速度 155.52 Mbps × N ($N =$ 1, 4, 16, 64, 256) が用いられる．SDH と SONET の伝送速度を**表 10.2** に示す．ここで，**SONET** (synchronous optical network) は SDH のベースとなった北米の標準であり，基本速度を SDH の 1/3 である 51.84 Mbps (optical carrier at level 1：OC-1) としている．SDH の導入により，国際間，通

表 10.2 SDH と SONET の伝送速度

SDH	SONET	伝送速度〔Mbps〕
―	OC-1	51.84 (51 M)*
STM-1	OC-3	155.52 (156 M)*
STM-4	OC-12	622.08 (622 M)*
STM-16	OC-48	2 488.32 (2.5 G)*
STM-64	OC-192	9 953.28 (10 G)*
STM-256	OC-768	39 813.12 (40 G)*

〔注〕＊（ ）内は通称

208   10. インターネットを支える光ファイバ通信

信業者間,ベンダ間での装置接続が容易となった.日本では,1989年より導入されている.

当初**ルータ**(routers)間の接続にこの SDH/SONET インターフェイスが用いられた.2002年に 10 Gbps イーサネットインターフェイス標準が制定されてからは,しだいに高速イーサネットインターフェイスが利用されてきている.幹線ルートでは 10〜100 Gbps の伝送速度が一般的である.国際間においても同様で,図 10.4 にアメリカの Tyco Telecommunications 社のグローバルネットワークを示す.日本 - アメリカ間の海底光ファイバケーブル伝送には,10 Gbps 伝送を 64 波長で行うシステムが 2002年2月より運用されており,光ファイバ 8 ペアすべて利用すると,なんと最大 5.1 Tbps が伝送可能であるといわれている.

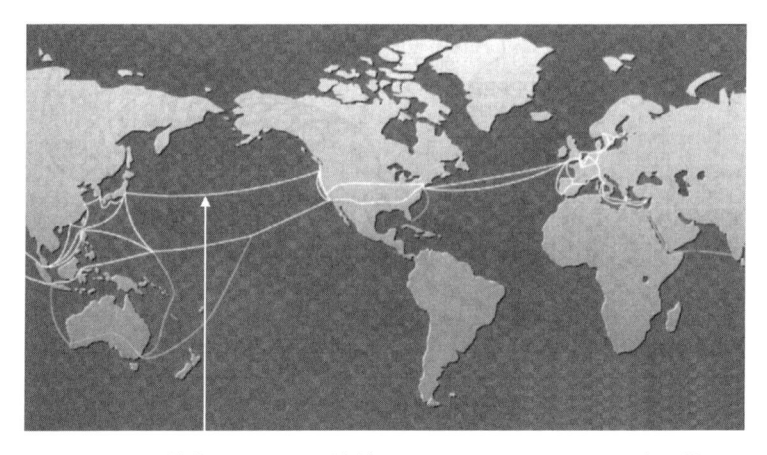

TGN-Pacific:最大 10 Gbps×64 波長×8 ペア =5 120 Gbps,2002 年 2 月より運用開始*

図 10.4 アメリカの Tyco Telecommunications 社のグローバルネットワーク
*[出典] 高崎晴夫:通信バブルの一考察(第 1 回),OPTRONICS, No. 255, p. 174(2003)

ルータではインターネットプロトコル(**IP**)によるルーチングが行われる.**ルーチング**(routing)とは,ルータ内で IP パケットを目的地に向かう出力ポートに出力するようにスイッチングすることである.SDH/SONET をルータ

間接続に用い，ルーチングを IP で行う方式を IP over SDH/SONET という。各プロトコルの関係を干し草積み（プロトコルスタック）のようにして表したものを図 10.5 の左側に示す。物理媒体としての光ファイバが最下位にあり，そのなかの 1 波長を用いた SDH/SONET インターフェイスに支えられて IP でルーチングされるということを示している。

```
IP over SDH/SONET          IP over フォトニックネットワーク

    [ IP ]                      [ IP ]
    [ SDH/SONET ]               [ フォトニック
                                  ネットワーク
                                  での転送 ]
    [ WDM ]
    [ 光ファイバ ]               [ 光ファイバ ]
```

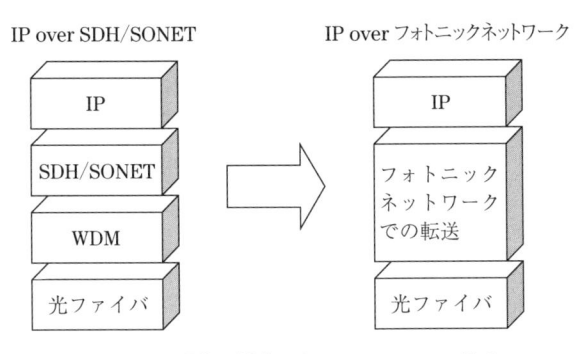

図 10.5　現在と将来のネットワークにおけるプロトコルスタック

　ルータにおけるルーチングは当初ソフトウェアで行われていたが，処理能力を向上させるため，1990 年代中ごろからハードウェアルーチングを用いるようになった。この結果，1990 年代末には 2.5 Gbps インターフェイスをもち，合計数十 Gbps のスイッチング速度を実現するルータが現れた。また，同じころ，IP パケットにラベルを付加してそのラベルのみを参照してスイッチングする **MPLS**（multi protocol label switching）技術が開発され，現在の主流となっている。フォトニックネットワークでは，波長がルーチングラベルに相当し波長をみてスイッチングするので，MPLS 技術の発展形態である。また，図 10.5 の右側に示すように，フォトニックネットワークが IP を支えるので IP over フォトニックネットワークと呼ぶ。

　図 10.6 に，インターネットを支える光ファイバネットワークの将来形態を示す。一般家庭には 1 Gbps の光アクセス回線が提供され，企業，集合住宅には 10 Gbps の速度で 10 波長程度は提供されるであろう。主要都市には，これ

10. インターネットを支える光ファイバ通信

長距離バックボーン　　メトロリング　　アクセスライン

- ～1 000 波長
- ～10 Tbps

- ～100 波長
- ～1 Tbps

- ～10 波長
- ～10 Gbps

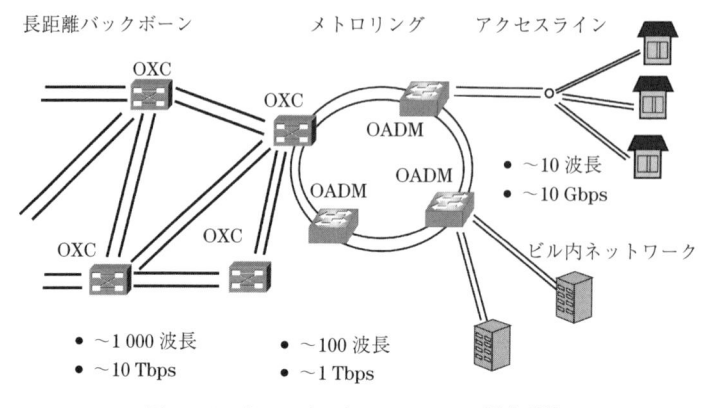

ビル内ネットワーク

図 10.6 光ファイバネットワークの将来形態

らを収容するメトロリングネットワークがあり，さらに光交換メッシュネットワークが長距離バックボーンとなり各都市のメトロリングを接続するようになる．電話，高精細テレビ，映像配信，福祉，環境，セキュリティなど，あらゆる生活サービスが目には見えない形でこのネットワークから提供されることになると確信している．

章　末　問　題

【1】インターネットの発展過程における主要な出来事を年代順に述べよ．
【2】光アクセス回線における二つの方式をあげ，システム構成図を用いて伝送方式を説明せよ．
【3】インターネットを光ファイバ通信がどのように支えているか，プロトコルスタックを用いて説明せよ．
【4】光ファイバ通信システムまたは光ファイバネットワークの将来について，思うところを述べよ．

参 考 文 献

 本書を執筆するにあたり多くの図書を参考にさせていただいた。ここに謝意を表する。本書はあくまで入門書であり，光ファイバ通信工学をより深く学習するのは以下の図書が参考になるはずである．

1) 大越孝敬，岡本勝就，保立和夫：光ファイバの基礎，オーム社（1977）
2) 桜井　誠：しくみと作り方 ― 光通信，共立出版（1985）
3) Amnon Yariv，多田邦雄，神谷武志　訳：光エレクトロニクスの基礎（原書3版），丸善（1988）
4) 末松安晴，伊賀健一：光ファイバ通信入門（改訂3版），オーム社（1989）
5) 伊藤良一，中村道治：半導体レーザ ― 基礎と応用，培風館（1989）
6) 石尾秀樹　監修：光増幅器とその応用，オーム社（1992）
7) 川上彰二郎，白石和男，大橋正治：光ファイバとファイバ形デバイス，培風館（1996）
8) 池田正宏：光ファイバ通信，コロナ社（1997）
9) 羽鳥光俊，青山友紀，小林郁太郎　監修編著：光通信工学（Ⅰ），（Ⅱ），コロナ社（1998）
10) 西村憲一，白川英俊　編著：やさしい光ファイバ通信（改訂3版），電気通信協会（1999）
11) 國分泰雄：光波工学，共立出版（1999）
12) 左貝潤一：光通信工学，共立出版（2000）
13) 波平宜敬　編著：DWDM 光測定技術，オプトロニクス社（2001）
14) 三木哲也，須藤昭一　編：光通信技術ハンドブック，オプトロニクス社（2002）
15) JIS ハンドブック 8，電子 - 試験方法・オプトエレクトロニクス編，日本規格協会（2003）
16) 佐藤健一，古賀正文：広帯域光ネットワーキング技術 ― フォトニックネットワーク ―，電子情報通信学会（2003）

章末問題解答

〔1章〕

【3】（1）① -80 dBm，② -47 dBm，③ 76 dBm，④ -13 dBm，⑤ 19 dBm，（2）利得 22 dB，（3）損失 0.4 dB/km，（4）損失 27 dB

【4】24 km

〔2章〕

【1】（1）24.4°，（2）65.9°，（3）81.9°，（4）78.5°

【2】（1）2.0 %，（2）0.43（この場合 $n_0=1.33$），（3）1（最大角 90° まで受光可能）

【3】（2）$\sin\theta_2 = \dfrac{3\lambda_0}{4an_1}$

【4】（1）① 1個，② 3個，（2）1.08 μm より長波長側

【6】（1）51 ns/km，（2）13 ns/km

【7】式 (2.37) を z で微分して

$$2\frac{dx}{dz}\frac{d^2x}{dz^2} = \left(\frac{k_0}{\beta}\right)^2 \frac{dn^2(x)}{dx}\frac{dx}{dz} \qquad (解2.1)$$

となり，両辺から dx/dz を除去する。さらに式 (2.30) より

$$\frac{dn^2(x)}{dx} = -n_1{}^2 \frac{2\Delta}{a^2} \times 2x \qquad (解2.2)$$

であり，これを式（解2.1）に代入すると

$$\frac{d^2x}{dz^2} + \left(\frac{k_0}{\beta}\right)^2 \frac{n_1{}^2 \times 2\Delta}{a^2} x = 0 \qquad (解2.3)$$

を得る。

【8】式 (2.30) を式 (2.48) に代入すると

$$\tau_{\max} = \frac{4n_1}{c\sqrt{2\Delta}} \int_0^a \frac{1-2\Delta(x/a)^2}{\sqrt{1-(x/a)^2}}\,dx \qquad (解2.4)$$

となり，$X = x/a$ とおいて積分を実行すると

$$\tau_{\max} = \frac{4n_1 a}{c\sqrt{2\Delta}} \int_0^1 \frac{1-2\Delta X^2}{\sqrt{1-X^2}}\,dX = \frac{2\pi n_1 a}{c\sqrt{2\Delta}}(1-\Delta)$$

$$= \frac{\pi a}{c\sqrt{2\Delta}} \left(\frac{n_1^2 + n_2^2}{n_1} \right) \qquad (解 2.5)$$

を得る。ここで

$$\int_0^1 \frac{1}{\sqrt{1-X^2}} dX = \frac{\pi}{2}, \quad \int_0^1 \frac{X^2}{\sqrt{1-X^2}} dX = \frac{\pi}{4}, \quad および$$

$$1 - \Delta = \frac{1}{2n_1^2}(n_1^2 + n_2^2) \qquad (解 2.6)$$

を用いた。式(解2.5)を $\beta = k_0 n_2$ として式(2.44)で割ると式(2.50)を得る。

【9】(1) 0.27 ns/km, (2) 0.97 ns/km
【10】(1) 1.3 mm, (2) ① 0.37 dB, ② 0.034 dB

〔3章〕

【1】 $\lambda = \dfrac{\lambda_0}{n}$

【2】(1) 2.2, (2) 43.8

【3】 $\tan(\kappa a) = \dfrac{n_1^2}{n_2^2} \dfrac{\gamma}{\kappa}$

【4】 $(M-1)\dfrac{\pi}{2} \leq V < M\dfrac{\pi}{2}$

【5】(1) $\dfrac{\pi}{2}(m+1)$, (2) $\dfrac{1}{\kappa}\left\{\dfrac{\pi}{2}(m+1) - \kappa a\right\}$

【6】(1) +0.83%, (2) 1.316 μm, (3) 14.9 ps/km/nm
【7】式(3.94)より

$$\frac{d\beta}{dk_0} = n_2 + k_0 \frac{dn_2}{dk_0} + (n_1 - n_2)b + k_0 \left(\frac{dn_1}{dk_0} - \frac{dn_2}{dk_0} \right) b + k_0(n_1 - n_2)\frac{db}{dk_0}$$

$$= N_2 + (N_1 - N_2)b + k_0(n_1 - n_2)\frac{db}{dk_0}$$

$(n_1 - n_2 \cong N_1 - N_2$ を用いて)

$$= N_2 + (N_1 - N_2)\frac{d(k_0 b)}{dk_0} \quad (V = k_0 a n_1 \sqrt{2\Delta} \text{ を用いて})$$

$$= N_2 + (N_1 - N_2)\frac{d(Vb)}{dV}$$

【8】(1) 減少する。Δ を大きくすることは V 値を大きくすることである。すなわち、コア内へより光を閉じ込める結果（β と γ は大きくなる）となり、損失は減少する。

(2) 減少する。V 値はコア幅に比例して大きくなる。すなわち，コア内へより光を閉じ込める結果（β と γ は大きくなる）となり，損失は減少する。
(3) 増加する。長波長側にシフトすると V 値は小さくなる。β と γ は小さくなり，損失は増加する。
(4) 増加する。同じ V 値に対して，高次モードほど β と γ は小さくなり，損失は増加する。

〔4章〕

【6】 (1) 216, (2) 675
【7】 (1) 1.31 μm, (2) 1.12 μm
【8】
$$\left\{\frac{2\int_0^\infty e^{-2r^2/w^2} r dr}{\int_0^\infty \left(\frac{2r}{w^2} e^{-r^2/w^2}\right)^2 r dr}\right\}^{1/2} = \left\{\frac{2 \times \dfrac{w^2}{4}}{\dfrac{4}{w^2} \dfrac{w^2}{2 \times 4}}\right\}^{1/2} = w$$

ここで，$\int_0^\infty x^3 e^{-ax^2} dx = \dfrac{1}{2a^2}$ を用いた。

【9】 0.35 dB, 1.42 dB
【10】
$$2\pi \times \frac{\left\{\int_0^\infty re^{-2r^2/w^2} dr\right\}^2}{\int_0^\infty re^{-4r^2/w^2} dr} = 2\pi \times \frac{\left\{\left[-\dfrac{w^2}{2}\dfrac{1}{2}e^{-2r^2/w^2}\right]_0^\infty\right\}^2}{\left[-\dfrac{w^2}{4}\dfrac{1}{2}\right]_0^\infty} = \pi w^2$$

〔5章〕

【1】 解表 5.1 参照。

解表 5.1 光ファイバ製造技術の比較

評価項目	MCVD法	OVD法	VAD法
屈折率分布制御技術	◎	○	×
大量生産技術	×	○	◎

【4】 (1) 6.3 dB/km, (2) 0.34 dB/km, (3) 0.17 dB/km
【5】 ① 0.40 dB/km, ② 0.50 dB/km, ③ 0.15 dB
【6】 ① 31%, 5.1 dB, ② 69%, 1.6 dB

〔6章〕

【2】 0.37

【3】 $4.34\sigma(N_2-N_1)L$ 〔dB〕

【5】 式 (6.22) と式 (6.32) より，$(R+W)N_1=(W+A_{21})N_2$ となる．また，$N=N_1+N_2$ より

$$N_1 = \frac{W+A_{21}}{2W+R+A_{21}}N, \text{ および } N_2 = \frac{W+R}{2W+R+A_{21}}N$$

となり

$$N_2-N_1 = \frac{R-A_{21}}{A_{21}+2W+R}N$$

より，式 (6.33) が求まる．

【6】 $P_s(0)e^{-\alpha_s L}\exp[g_r P_p(0)L_{\text{eff}}]$，ここで $L_{\text{eff}}=(1-e^{-\alpha_p L})$ である．

〔7章〕

【2】 $33\,\text{cm}^{-1}$, $4.3\,\text{dB}$

【3】 (1) 0.8 nm, (2) 100 本

【7】 (1) 215 nm, (2) 449 nm, (3) 531 nm

〔8章〕

【1】 $5.3\times 10^{-6}\,\text{A}$

【2】 (1) 0.06 pF, (2) 30 ps, (3) 30 ps

【4】
$$P_N(T) = \lim_{K\to\infty}\frac{K!}{N!(K-N)!}\left(\frac{nT}{K}\right)^N\left(1-\frac{nT}{K}\right)^{K-N}$$

$$= \lim_{K\to\infty}\frac{(nT)^N}{N!}\frac{K!}{(K-N)!\,K^N}\left(1-\frac{nT}{K}\right)^K\left(1-\frac{nT}{K}\right)^{-N}$$

$$= \frac{(nT)^N}{N!}\lim_{K\to\infty}\frac{K-1}{K}\frac{K-2}{K}\cdots\frac{K-N+1}{K}\left(1-\frac{nT}{K}\right)^{-N}\left(1-\frac{nT}{K}\right)^K$$

$$= \frac{(nT)^N}{N!}e^{-nT}$$

【5】 $\dfrac{(nT)^N}{N!}e^{-nT}$

【6】 (1) $1.4\times 10^{-8}\,\text{W}$, (2) $4.2\times 10^{-13}\,\text{W}$, (3) $0.83\times 10^{-11}\,\text{W}$, (4) $1.6\times 10^3 = 32\,\text{dB}$

【7】 (1) $5.6\times 10^{-8}\,\text{W}$, (2) $7.5\times 10^{-11}\,\text{W}$, (3) $0.83\times 10^{-11}\,\text{W}$, (4) $0.67\times 10^3 = 28.3\,\text{dB}$

〔**9章**〕

【2】 $\dfrac{n(n-1)}{2}$

【4】 78×10^6：7 800万回線

【5】 0.5×10^6：50万回線

【6】 **解図 9.1** 参照。8×8光スイッチ構成，12個。

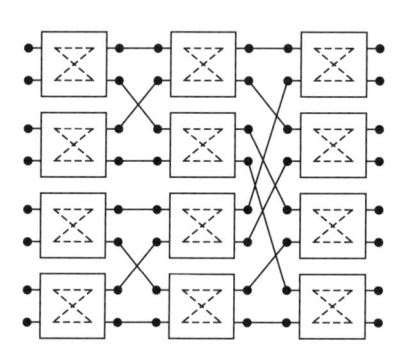

解図 9.1 8×8光スイッチ構成

〔**10章**〕

略

索　引

【あ】

アインシュタインの A 係数	136
アクセス回線	204
アドバンス PC	126
アバランシ増幅	175
アレー導波路格子	194
アンペールの法則	48

【い】

イーサネット	189
位相速度	17, 67
インターネット	9
インターネットプロトコル（IP）	208

【う・え】

埋込み形	166
永久接続	122
エネルギー準位図	131
エバネッセント波	66

【か】

開口数	25
外部共振器形レーザ	169
可干渉性	132
架空光ファイバケーブル	113
過剰雑音指数	184
活性層	158
活性領域	158
カットオフ波長	31
カットバック法	117
価電子帯	156
間接遷移	161

【き】

規格化周波数	59
規格化伝搬定数	71
基底状態	131
基本モード	20
キャリヤ	157
吸収損失	114
吸収断面積	135
狭義の材料分散	71
禁制帯	156

【く】

空間分割多重方式	4
グース・ヘンシェンのシフト	66
矩形光導波路	23
屈折率	16
クラッド	22
グレーティング結合器	166
グレーデッド形屈折率分布	36
群屈折率	70
群速度	69
群遅延時間	69

【け・こ】

ケーブルテレビ	13
結合損失	116
コア	22
コア直視融着接続法	126
高次モード	20
降伏電圧	176
後方散乱光法	117
高密度波長多重	188
固定端	18
コネクタ接続	122
コヒーレンス	132
固有値方程式	60

【さ】

再生中継	5
最大受光角	25
最低次モード	20
材料分散	70
雑音指数	141
3 dB 結合器	10
散乱損失	115

【し】

しきい値	148, 160
磁気に関するガウスの定理	48
子午光線	92
自然放出	134
自然放出寿命	136
実効カットオフ波長	98
実効コア断面積	103
時分割多重方式	3
弱導波近似	94
集合引込み光ケーブル	113
自由端	19
自由電子	49, 156
真空中での光の速度	53
真空中の透磁率	51
真空中の誘電率	51
シングルモード光ファイバ	82
信号対雑音比（SN 比）	141, 177
信号光パルスの広がり	33
心　線	81

【す】

ステップ形屈折率分布	36
スネルの法則	20
スポットサイズ	100

【せ】

正孔	157
石英系光ファイバ	80
石英平面光回路	23, 187
接続損失	101, 116
絶対レベルでのdB値	10
ゼロ分散波長	71
1550 nm分散シフト光ファイバ	87
1550 nm分散フラット光ファイバ	87
全反射	21
全光ネットワーク	188
線引き	108

【そ】

相対レベルでのdB値	10
挿入損失法	118
増倍率	176
増幅された自然放出光	142
増幅利得	141
素線	81
損失測定法	117

【た・ち】

多孔質母材	107
多重化	3
多重量子井戸構造	163
多心一括融着接続機	126
多成分系光ファイバ	80
縦モード	155
ダブルヘテロ接合	159
多モード光ファイバ	82
単一モード光ファイバ	82
単一モード領域	32, 63
直接遷移	161
直線-曲がり変換部	45

【て】

ディジタルハイアラーキ	207
定常波	19
テープ心線	110
転移点	77
電気に関するガウスの定理	48
伝導帯	156
伝搬角度	28, 29
伝搬定数	38, 54
伝搬モード	27, 58

【と】

同期ディジタルハイアラーキ	189, 207
導体	49
導波モード	58
導波路分散	72
ド・ブロイ波長	131
トランスペアレントネットワーク	189

【な〜の】

斜め光線	92
2準位系原子	134
2乗分布形屈折率分布	36
2点間伝送	186
ノンゼロ分散シフト光ファイバ	88

【は】

ハイブリッドモード	92
波数	54
波束	68
波長（分割）多重方式	4
波長分散	70
発光ダイオード	159
反射の法則	18
反転分布	137
半導体光増幅器	140
バンド構造	157

【ひ】

光CATVシステム	13
光クロージャ	113
光交換メッシュネットワーク	189
光合波器	193
光コネクタ	123
光パス	189
光波長変換器	196
光パルス試験器	119
光ファイバグレーティング	169, 199
光ファイバケーブル	111
光ファイバコード	111
光ファイバ増幅器	5, 140
光ファイバ損失	13
光ファイバ母材	105
光分波器	193
光ポンピング	132
比屈折率差	25
非線形屈折率係数	102
非線形光学効果	88
非放射緩和過程	138

【ふ】

ファブリ・ペロ形半導体レーザ	154
ファラデーの法則	47
フィジカルコンタクト	125
フェルール	123
フォトニック結晶光ファイバ	82, 90
フッ化物系光ファイバ	80
プラスチック光ファイバ	80
フレネル反射	121
プロトコルスタック	209
分散	74
分散制御形光ファイバ	87
分散補償光ファイバ	89
分布形光ファイバ増幅器	151
分布帰還形レーザ	168
分布ブラッグ反射形半導体レーザ	196

【へ・ほ】

平面光導波路	22

索　引

偏波保持光ファイバ	89	
偏波モード分散	89	
ポアソン分布	178	
ホイヘンスの原理	20	
放射モード	58	
放出断面積	136	
ボーアの振動数条件	132	
ホーリーファイバ	90	
ホモ接合	158	
ボルツマンの分布則	137	

【ま〜も】

マイクロマシン	198
曲がり部での損失	44
マルチモード光ファイバ	82

メカニカルスプライス	127
メディアコンバータ	206
モード	19
モード次数	19
モードフィールド径	87, 100
モード分散	75

【ゆ・よ】

融着接続法	126
誘電体	49
誘電体中における光の速度	53
誘電分極	50
誘導放出	134

誘導ラマン散乱	149
横モード	27
四光波混合	88

【ら〜ろ】

ラマン散乱	148
量子効率	171
臨界角	21
ルータ	208
励起状態	131
レイリー散乱	115
レーザ発振	152
レート方程式	135
ロッドインチューブ	108

【A】

ADSL	204
ASE	142
AWG	194

【B・C】

Bragg 反射	168
C バンド	141

【D】

DBR	196
dB（デシベル）	9
DWDM	188

【E】

EDFA	144
E/O 変換器	3

【F】

FC 形	124
FTTH	113, 204

【I】

IP over SDH/SONET	208
IP over フォトニックネットワーク	209
ITU-T	192

【L】

LP モード	94
L バンド	141

【M・N】

MCVD 法	106
MEMS	198
MPLS	209
MT 形	124
MU 形	124
NA	25

【O】

O/E 変換器	3
ONU	205
OSU	205
OTDR	119
OVD 法	107
OXC	197

【P】

PANDA ファイバ	89
PDS 方式	206
POF	80
PON 方式	206

【S】

SC 形	124
SDH	189, 207
SMF	87
SONET	207
SSF	87
SS 方式	205

【T】

TCP/IP	203
TE モード	57
TM モード	57

【V・W】

VAD 法	107
V 値	59
WDM 伝送技術	187

―― 著者略歴 ――

1973 年　京都大学工学部電気工学科卒業
1975 年　京都大学大学院修士課程修了（電子工学専攻）
1975 年　日本電信電話公社（現日本電信電話株式会社）勤務
1984 年　工学博士（京都大学）
2000 年　大阪電気通信大学教授
2018 年　大阪電気通信大学名誉教授

入門光ファイバ通信工学
Introduction to Fiber Optic Communications　　　　ⓒ Yasuji Murakami 2003

2003 年 12 月 26 日　初版第 1 刷発行
2020 年 10 月 5 日　初版第 6 刷発行

検印省略	著　者	村　上　泰　司
	発行者	株式会社　コロナ社
	代表者	牛来真也
	印刷所	三美印刷株式会社
	製本所	有限会社　愛千製本所

112-0011　東京都文京区千石 4-46-10
発行所　株式会社　コ ロ ナ 社
CORONA PUBLISHING CO., LTD.
Tokyo Japan
振替 00140-8-14844・電話(03)3941-3131(代)
ホームページ　https://www.coronasha.co.jp

ISBN 978-4-339-00760-2　C3055　Printed in Japan　　　　（高橋）

〈出版者著作権管理機構 委託出版物〉
本書の無断複製は著作権法上での例外を除き禁じられています。複製される場合は，そのつど事前に，
出版者著作権管理機構（電話 03-5244-5088，FAX 03-5244-5089，e-mail: info@jcopy.or.jp）の許諾を
得てください。

本書のコピー，スキャン，デジタル化等の無断複製・転載は著作権法上での例外を除き禁じられています。
購入者以外の第三者による本書の電子データ化及び電子書籍化は，いかなる場合も認めていません。
落丁・乱丁はお取替えいたします。

電気・電子系教科書シリーズ

(各巻A5判)

■編集委員長　高橋　寛
■幹　　　事　湯田幸八
■編集委員　　江間　敏・竹下鉄夫・多田泰芳
　　　　　　　中澤達夫・西山明彦

配本順		書名	著者	頁	本体
1.	(16回)	電 気 基 礎	柴田尚志・皆藤新一 共著	252	3000円
2.	(14回)	電 磁 気 学	多田泰芳・柴田尚志 共著	304	3600円
3.	(21回)	電 気 回 路 I	柴田尚志 著	248	3000円
4.	(3回)	電 気 回 路 II	遠藤　勲・鈴木靖純・吉澤昌巳編著 共著	208	2600円
5.	(29回)	電気・電子計測工学(改訂版) ―新SI対応―	降矢典恵・福田拓也・吉高和明・西山明彦 共著	222	2800円
6.	(8回)	制 御 工 学	下西二鎮・奥平正 共著	216	2600円
7.	(18回)	ディジタル制御	青木俊幸・西堀立 共著	202	2500円
8.	(25回)	ロ ボ ッ ト 工 学	白水俊次 著	240	3000円
9.	(1回)	電 子 工 学 基 礎	中澤達夫・藤原勝幸 共著	174	2200円
10.	(6回)	半 導 体 工 学	渡辺英夫 著	160	2000円
11.	(15回)	電気・電子材料	中澤達夫・押山・森田服部 共著	208	2500円
12.	(13回)	電 子 回 路	須田健二・土田英一 共著	238	2800円
13.	(2回)	ディジタル回路	伊原充博・若海弘夫・吉澤昌純 共著	240	2800円
14.	(11回)	情報リテラシー入門	室山賀下進 共著	176	2200円
15.	(19回)	C＋＋プログラミング入門	湯田幸八 著	256	2800円
16.	(22回)	マイクロコンピュータ制御 プログラミング入門	柚賀正光・千代谷慶 共著	244	3000円
17.	(17回)	計算機システム(改訂版)	春日健・舘泉雄治 共著	240	2800円
18.	(10回)	アルゴリズムとデータ構造	湯田幸八・伊原充博 共著	252	3000円
19.	(7回)	電 気 機 器 工 学	前田勉・新谷邦弘 共著	222	2700円
20.	(9回)	パワーエレクトロニクス	江間敏・高橋勲 共著	202	2500円
21.	(28回)	電 力 工 学(改訂版)	江間敏・甲斐隆章 共著	296	3000円
22.	(5回)	情 報 理 論	三吉木川成英・竹下鉄夫機彦 共著	216	2600円
23.	(26回)	通 信 工 学	吉川英機・宮田稔夫 共著	198	2500円
24.	(24回)	電 波 工 学	松田豊克・南部幸久 共著	238	2800円
25.	(23回)	情報通信システム(改訂版)	岡田裕・桑原正史 共著	206	2500円
26.	(20回)	高 電 圧 工 学	植月唯夫・松原孝志・箕田充志 共著	216	2800円

定価は本体価格＋税です。
定価は変更されることがありますのでご了承下さい。

図書目録進呈◆

電子情報通信レクチャーシリーズ

（各巻B5判，欠番は品切または未発行です）

■電子情報通信学会編

共通

配本順				頁	本体
A-1	(第30回)	電子情報通信と産業	西村吉雄著	272	4700円
A-2	(第14回)	電子情報通信技術史 ―おもに日本を中心としたマイルストーン―	「技術と歴史」研究会編	276	4700円
A-3	(第26回)	情報社会・セキュリティ・倫理	辻井重男著	172	3000円
A-5	(第6回)	情報リテラシーとプレゼンテーション	青木由直著	216	3400円
A-6	(第29回)	コンピュータの基礎	村岡洋一著	160	2800円
A-7	(第19回)	情報通信ネットワーク	水澤純一著	192	3000円
A-9	(第38回)	電子物性とデバイス	益一哉 天川修平 共著	244	4200円

基礎

B-5	(第33回)	論理回路	安浦寛人著	140	2400円
B-6	(第9回)	オートマトン・言語と計算理論	岩間一雄著	186	3000円
B-7		コンピュータプログラミング	富樫敦著		
B-8	(第35回)	データ構造とアルゴリズム	岩沼宏治他著	208	3300円
B-9	(第36回)	ネットワーク工学	田中敬介 村野正和 仙石裕 共著	156	2700円
B-10	(第1回)	電磁気学	後藤尚久著	186	2900円
B-11	(第20回)	基礎電子物性工学 ―量子力学の基本と応用―	阿部正紀著	154	2700円
B-12	(第4回)	波動解析基礎	小柴正則著	162	2600円
B-13	(第2回)	電磁気計測	岩﨑俊著	182	2900円

基盤

C-1	(第13回)	情報・符号・暗号の理論	今井秀樹著	220	3500円
C-3	(第25回)	電子回路	関根慶太郎著	190	3300円
C-4	(第21回)	数理計画法	山下信雄 福島雅夫 共著	192	3000円